果树病虫害诊断与防控原色图谱丛书

柑橘病虫害诊断与防控原色图谱

邱　强　蔡明段　罗禄怡　编著

河南科学技术出版社

· 郑州 ·

图书在版编目（CIP）数据

柑橘病虫害诊断与防控原色图谱 / 邱强，蔡明段，罗禄怡编著 .—郑州：河南科学技术出版社，2021.1
（果树病虫害诊断与防控原色图谱丛书）
ISBN 978-7-5725-0239-2

Ⅰ.①柑…　Ⅱ.①邱…②蔡…③罗…　Ⅲ.①柑橘类－病虫害防治－图谱　Ⅳ.①S436.66-64

中国版本图书馆 CIP 数据核字（2020）第 247947 号

出版发行：河南科学技术出版社
　　　　　地址：郑州市郑东新区祥盛街27号　　邮编：450016
　　　　　电话：（0371）65737028　　65788613
　　　　　网址：www.hnstp.cn
策划编辑：李义坤
责任编辑：申卫娟
责任校对：翟慧丽
封面设计：张德琛
责任印制：朱　飞
印　　刷：河南博雅彩印有限公司
经　　销：全国新华书店
开　　本：850 mm×1 168 mm　1/32　印张：8.5　字数：213千字
版　　次：2021年1月第1版　　2021年1月第1次印刷
定　　价：38.00元

如发现印、装质量问题，影响阅读，请与出版社联系。

序言

随着我国经济的快速发展和人民生活水平的不断提高，人们对果品的需求量逐年增加，这极大地激发了广大果农生产的积极性，也促使了我国果树种植面积空前扩大，果品产量大幅增加。国家统计局发布的《中国统计年鉴——2018》显示，我国果树种植面积为 11 136 千公顷（约 1.67 亿亩），果品年产量 2 亿多吨，种植面积和产量均居世界第一位。我国果树种类及其品种众多，种植范围较广，各地气候变化与栽培方式、品种结构各不相同，在实际生产中，各类病虫害频繁发生，严重制约了我国果树生产能力的提高，同时还降低了果品的内在品质和外在商品属性。

果树病虫害防控时效性强，技术要求较高，而广大果农防控水平参差不齐，如果防治不当，很容易错过最佳防治时机，造成严重的经济损失。因此，迫切需要一套通俗易懂、图文并茂的专业图书，来指导果农科学防控病虫害。鉴于此，我们组织相关专家编写了"果树病虫害诊断与防控原色图谱"丛书。

本套丛书分《葡萄病虫害诊断与防控原色图谱》《柑橘病虫害诊断与防控原色图谱》《猕猴桃病虫害诊断与防控原色图谱》《枣树病虫害诊断与防控原色图谱》《核桃病虫害诊断与防控原色图谱》5 个分册，共精选 288 种病虫害 800 余幅照片。在图片选择上，突出果园病害发展和虫害不同时期的症状识别特征，同时详细介绍了每种病虫的分布、形态（症状）特征、发生规律及综合防治技术。本套丛书内容丰富、图片清晰、科学实用，适合各级农业技术人员和广大果农阅读。

邱强

2019 年 8 月

前言

　　柑橘是我国南方地区的主要果树种类，也是我国常见的水果之一。在柑橘生产过程中常会受到一些病虫的为害，这些病虫造成柑橘产量下降、品质降低。因此，科学合理地识别并防治柑橘病虫害，就成为柑橘园管理的一项重要工作。我国柑橘种植地气候变化与栽培方式多样，柑橘的品种结构差异较大，柑橘病虫害种类繁多，只有对各地区的柑橘病虫害精准识别，才能科学有效地进行防控。

　　本书介绍了柑橘主要病虫害的识别、诊断与防治技术，在编写中力求做到科学性、先进性、实用性相结合，以便果农科学地开展柑橘病虫害防治，提高柑橘的品质和产量。

　　我国柑橘产区生态广泛多样，病虫害发生种类和发生特点有所不同，限于篇幅和作者经验，不足之处，希望读者多提宝贵意见。

　　作者通信邮箱：qiuq88@163.com

邱 强

2019 年 7 月 5 日

目录

第一部分　柑橘病害

一　柑橘苗疫病

柑橘苗疫病是柑橘苗圃常见病害之一。

【**症状**】

幼苗的嫩茎、嫩梢和顶芽发病，初生水渍状小斑，后变为淡褐色至褐色病斑，可扩展至嫩梢基部，使整个嫩梢或幼苗变为深褐色，枯死。病菌若从幼茎基部侵入，可使茎基部腐烂，呈立枯状枯死或猝倒。病菌侵染叶片，或沿枝梢及叶柄蔓延到叶片上，侵染后初生暗绿色水渍状小斑，迅速扩展形成灰绿色或黑褐色的似烫伤状的近圆形或不规则形大斑。天气阴雨潮湿，病斑扩展很快，常造成全叶腐烂；若天气干燥，病斑边缘呈暗绿色，中部淡褐色，干枯后易破裂。潮湿条件下，新鲜的病部可长出稀疏的白色霉层（病菌的孢子囊、孢囊梗和菌丝体）。

柑橘苗疫病新梢受害

柑橘苗疫病新梢受害变黑下垂

【病原】

病原菌为鞭毛菌的疫霉菌 *Phytophthora* spp.。病原菌的有性阶段产生卵孢子，孢子囊可以直接萌发侵入植物体引起发病。

【发病规律】

病菌主要以菌丝体在病残组织内遗留于土壤中越冬，土壤中的卵孢子也可以越冬。翌年环境条件适宜即形成孢子囊，由风雨传播，萌发侵入后经 3 天左右的潜育期引起发病。以后病部又很快形成大量孢子囊再侵染。苗圃地势低洼，排水不良，土壤积水或含水量过高，幼苗种植过密或栽植质量差，均易导致苗期病害的发生。该病的发生与柑橘品种品系有一定关系，其中沙田柚、脐橙、椪柑易感病，而金橘、南丰蜜橘、早熟温州蜜柑以及小枳壳均较抗病。

该病在春季和秋季较为严重，其中以春、秋梢转绿期间发病迅速，老熟的枝梢和叶片较抗病，但在下次枝梢感病后，老熟枝叶也能感病，只是其病斑扩展较为缓慢。该病的发生存在明显的病源中心，以风雨或工作器具传播的可能性最大。从病叶感染到腐烂，枝梢自上而下干枯，但根颈部位较抗病。在地上部位干枯、死亡前，根系一般不出现蜕皮、腐烂和臭味现象。

【防治方法】

1. 选择苗圃　选择地势较高、排灌方便、土质疏松的地段育苗，避免在地势低洼、易积水地和蔬菜地育苗。

2. 加强栽培管理　增施有机肥和磷钾肥，避免偏施、过施氮肥；整治园圃排灌系统，注意清沟排渍，防止土壤过干或过湿；合理密植，定植深度和壅土高度要适当；苗地发现病株要及时剪除病部并喷药封锁发病中心。覆土最好用河沙，不要用一般的土杂肥。

3. 拔除病苗　发现病苗应及时拔除处理。

4. 喷药保护　发病初期将少数病梢病叶剪除后，及时喷药保护。防治苗疫病应选喷25%甲霜灵可湿性粉剂500~1 000倍液，或80%代森锰锌可湿性粉剂800倍液，或80%乙磷铝可湿性粉剂250~300倍液，连喷2~3次；若以甲霜灵1 250倍液淋苗结合500倍液喷雾，防治效果更好。

二　柑橘炭疽病

柑橘炭疽病是我国柑橘产区普遍发生的一种主要病害，以广东、广西、湖南及西部柑橘产区为害较重。发病严重时引起柑橘树大量落叶，枝梢枯死，僵果和枯蒂落果，枝干开裂，导致树势衰退，产量下降，甚至整枝枯死。在贮藏运输期间，还常引起果实大量腐烂。

【症状】

本病主要为害叶片、枝梢、果实和果梗，亦可为害花、大枝、主干和苗木。

1. 叶片症状　症状多出现在成长叶片、老叶边缘或近边缘处，病斑近圆形，稍凹陷，中

柑橘炭疽病病叶病斑

央灰白色，边缘褐色至深褐色；潮湿时可在病斑上出现许多朱红色带黏性的小液点，干燥时为黑色小粒点，排列成同心轮状或呈散生。

有的叶片症状多从叶尖开始，初期病斑呈暗绿色，渐变为黄褐色，叶卷曲，常大量脱落。

2. 枝梢症状

（1）主要有急性型症状和慢性型症状。急性型症状发生于连

续阴雨时刚抽出的嫩梢，似开水烫伤状，后生橘红色小液点。

（2）慢性型症状多自叶柄基部腋芽处发生，病斑椭圆形，淡黄色，后扩大为长梭形，1 周后变灰白枯死，上生黑色小点。

3. **果实症状** 果实发病呈现干斑或果腐。干斑发生在干燥条件下，病斑黄褐色、凹陷、革质。果腐发生在湿度大时，病斑深褐色，严重时可造成全果腐烂。泪痕型症状是受害果实的果皮表面有许多条如泪痕一样的红褐色小凸点组成的病斑。幼果初期症状为暗绿色凹陷不规则病斑，后扩大至全果，湿度大时，出现白色霉层及红色小点，后变成黑色僵果。

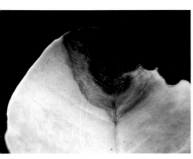 

柑橘炭疽病叶片病斑　　　　柑橘炭疽病为害柚子果实

【病原】

本病由盘长孢状刺盘孢菌 *Colletotrichum gloeosporioides* Penz. 侵染所致，属腔孢纲黑盘孢目黑盘孢科刺盘孢属。

【发病规律】

病菌主要以菌丝体在病枝、病叶和病果上越冬，也可以分生孢子在病部越冬。翌春温湿度适宜时产出分生孢子或越冬后分生孢子，借风雨或昆虫传播，可以直接侵入寄主组织，或通过气孔和伤口侵入，引起发病。华南、闽南 4~5 月春梢开始发病，6~8 月为发病盛期。湖南、浙江在 5 月中下旬开始发病，8 月上中旬至 9 月下旬为发病盛期。

在高温多湿条件下发病，一般春梢生长后期开始发病，夏、秋梢期盛发。栽培管理不善，在缺肥、缺钾或偏施氮肥，干旱或排水不良，果园密度大通风透光差，遭受冻害以及潜叶蛾和其他病虫为害严重的柑橘园，均能助长病害发生。树势衰弱可加重病害发生。在温度适宜的发病季节，降雨次数多、时间长，或阴雨绵绵等，有利于病害流行。

【防治方法】

应采用以加强栽培管理为主的综合防治措施。

1. 加强栽培管理　橘园深耕改土，增施有机肥和磷钾肥，避免偏施氮肥。做好防冻、治虫等工作。增强树势，提高抗病能力，是防治本病的关键性措施。

2. 减少菌源　结合修剪清园等工作，剪除病枯枝叶和果柄以及衰老枝、交叉枝、过密枝，扫除落叶、落果和病枯枝，集中深埋，减少菌源；同时，剪枝还可使树冠通风透光，提高抗病力。清园后全面喷施 0.8~1 波美度硫合剂加 0.1% 洗衣粉 1 次，杀灭存活在病部表面的病菌，兼治其他病虫。

3. 喷药保护　在春、夏、秋梢嫩叶期，特别是在幼果期和 8~9 月果实成长期，可根据历年发病实际情况或测报，确定喷药时期和次数。

可喷施下列药剂：25% 嘧菌酯悬浮剂 1 250 倍液，10% 苯醚甲环唑水分散粒剂 1 500 倍液，25% 溴菌腈·多菌灵可湿性粉剂 500 倍液，50% 硫菌灵可湿性粉剂 800 倍液，60% 噻菌灵可湿性粉剂 2 000 倍液，40% 氟硅唑乳油 8 000 倍液，5% 己唑醇悬浮剂 1 500 倍液，40% 腈菌唑水分散粒剂 7 000 倍液，25% 咪鲜胺乳油 1 000 倍液，50% 咪鲜胺锰络合物可湿性粉剂 1 500 倍液等。

上述药剂应当交替使用提高药效，避免病害产生抗药性。

三　柑橘膏药病

　　柑橘膏药病是一种为害枝干的病害，全国柑橘产区都有分布。病菌为害影响植株局部组织的生长发育，渐使树势衰弱。严重发生时，受害枝干变得纤细乃至枯死。常见的有白色膏药病和褐色膏药病两种。本病除为害柑橘外，还可侵害桃、梨、李、杏、梅、柿、茶、桑等多种经济林木。

【症状】

　　本病主要发生在老枝干上，湿度大时叶片也易受害。被害处似贴着一张膏药，故得名。由于病菌不同，症状各异。

　　1.枝干病状　先附生一层圆形至不规则形的病菌子实体，后不断向茎周扩展缠包枝干。白色膏药病菌的子实体表面较平滑，初呈白色，扩展后期仍为白色或灰白色。褐色膏药病病菌的子实体较前

柑橘膏药病枝干病害

者隆起而厚，表面呈丝绒状，栗褐色，周缘有狭窄的白色带，常略翘起。两种病菌的子实体衰老时发生龟裂，易剥离。

　　2.叶片病状　常自叶柄或叶基处开始生白色菌毡，渐扩展到叶面大部分。褐色膏药病极少见为害叶片。白色膏药病在叶片上

的形态色泽与枝干上相同。

柑橘膏药病为害枝干

柑橘膏药病为害枝干

【病原】

1. **白色膏药病病原**　病原菌为隔担耳属的柑橘白隔担耳菌 *Septobasidium citricolum* Saw.。

2. **褐色膏药病病原**　病原菌为卷担菌属的一种真菌 *Helicobasidium* sp.。

【发病规律】

病菌以菌丝体在患病枝干上越冬，翌年春夏温湿度适宜时，菌丝生长形成子实层，产生担孢子，担孢子借气流或昆虫传播为害。贵州和华南橘产区5~6月和9~10月高温多雨季节发生较严重。

两种病菌都以介壳虫或蚜虫分泌的蜜露为养料，并借介壳虫或气流传播，故介壳虫多的橘园本病发生多。过分荫蔽潮湿和管理粗放的橘园发病较多。

【防治方法】

1. **加强橘园管理**　合理修剪密闭枝梢以增加通风透光性。与此同时，清除带病枝梢。

2. **药剂防治**　根据贵州黔南的经验，5~6月和9~10月为膏药病盛发期，用煤油作载体加对 400 倍的商品石硫合剂晶体对枝干病部喷雾；或在冬季用现熬制的石硫合剂 5~6 波美度刷涂病斑，效果较好，不久即可使膏药层干裂脱落，此方法对树体无伤害。

3.防治传播媒介　方法参见矢尖蚧。

四　柑橘脂点黄斑病

柑橘脂点黄斑病又称柑橘脂斑病、黄斑病、脂点黄斑病、褐色小圆星病等，广见于全国柑橘产区。一般为害不重，常发生于单株或相邻的小范围内。受害较重的植株常在一枝或一叶上产生数十至上百个病斑。叶片受害后光合作用受阻，树势被削弱，大量脱落，对产量造成一定的影响。嫩梢受害后，僵缩不长，影响树冠扩大。果实被害后，产生大量油瘤状污斑，影响商品价值。

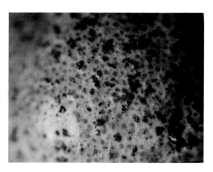

柑橘脂点黄斑病

【症状】

柑橘脂点黄斑病基本上可分为脂点黄斑型、褐色小圆星型及混合型 3 种。果上也可发病。

1. 叶部病状　发病初期，叶背病斑上出现针头大小的褪绿小点，半透明，其后扩展成大小不一的黄斑，并在叶背出现似疱疹状淡黄色突起的小粒点，几个甚至数十个群生在一起，以后病斑扩展和老化，颜色变深，成为褐色至黑褐色的

柑橘脂点黄斑病病叶

脂斑。

2. 果上症状 病斑常发生在向阳的果面上，仅侵染外果皮。初期症状为疱疹状污黄色小突粒，几个或数十个散集在 1~1.5 厘米的区域内。此后病斑不断扩展和老化，隆突和愈合程度加强，点粒颜色变深，从病部分泌的脂胶状透明物可被氧化成污褐色，形成 1~2 厘米的病健组织分界不明显的大块脂斑。

【病原】

本病是由柑橘球腔菌 *Mycosphaerella citri* Whiteside 侵染所致，属子囊菌门腔菌纲座囊菌目座囊菌科球腔菌属；无性阶段为柑橘灰色疣丝孢菌 *Stenella citri-grisea*（Fisber）Sivanesanl，属丝孢纲丝孢目暗色孢科疣丝孢属。

【发病规律】

病菌以菌丝体在病叶中越冬，而地面病落叶中越冬的菌丝体是主要的初侵染源。翌年气温回升到 20 ℃以上，地面将要溃烂病叶中的菌丝体形成假囊壳，雨后释出子囊孢子，由风雨传播到春梢新叶上，子囊孢子萌发后不立即侵入叶片，芽管附着在叶片表面发育成表生菌丝，其上形成附着胞，胞上再产生侵入丝，从气孔侵入为害；表生菌丝上可形成分生孢子梗和分生孢子。病落叶上产生的分生孢子数量很少，再侵染作用不大。在自然条件下侵染的潜育期可长达 2~4 个月。4~9 月只要雨水充足，假囊壳均可释放子囊孢子侵染为害，一般在 5~7 月为病菌侵染的主要季节。

【防治方法】

1. 冬季清园 冬季扫除地面落叶并深埋，减少初侵染菌源，是重要的防治措施。

2. 加强栽培管理 对树势衰弱，历年发病重的老树，应特别加强栽培管理，多施有机肥料，促使树势健壮，提高抗病力。

3. **喷药保护**　在落花后，喷施下列药剂：50％多菌灵可湿性粉剂 800 倍液，80％代森锰锌可湿性粉剂 800 倍液，75％百菌清可湿性粉剂 800 倍液，70％甲基硫菌灵可湿性粉剂 1 000 倍液，77％氢氧化铜可湿性粉剂 1 000 倍液，65％代森锌可湿性粉剂 600 倍液，70％丙森锌可湿性粉剂 800 倍液等；间隔 15~20 天喷 1 次，连喷 2~3 次。或在结果后雨前 2~3 天和 1 个月左右喷多菌灵和百菌清混合剂（按 6 ∶ 4 的比例混配）600~800 倍液 2 次。

五　柑橘棒孢霉褐斑病

柑橘棒孢霉褐斑病在我国柑橘产区均有分布。

【症状】

病害主要发生在叶上，贵州偶见为害成熟的当年生春梢和果实。病斑圆形或不正圆形，直径为3~17毫米，一般为5~8毫米。发病初期叶面散生褐色小圆点（一张叶片上常出现1个或数个，少数叶上可多达10余个），此后渐扩大透穿叶两面，边缘略隆起，深褐色，中部黄褐色至灰褐色，稍凹陷，病斑外围具有十分明显的黄色晕环。在柑橘树溃疡病发生区，此病斑易与其相混淆，应注意识别。天气潮湿多雨时，病部长出黄褐色霉丛，即病菌分生孢子梗和分生孢子。与此同时，病叶

柑橘棒孢霉褐斑病病果

柑橘棒孢霉褐斑病病叶

黑腐霉烂。气温高时，叶多卷曲，且大量焦枯脱落。由于品种不同，上述症状的表现程度有所差异。

果实和梢上病斑多呈圆形，褐色内凹，直径为 2~4 毫米，病斑外缘微隆起，周围无明显的黄色晕圈。果上病斑较光滑，木栓化龟裂程度小，隆起度及凸凹均不似溃疡斑突出，以相区别。

【病原】

病原菌为棒孢属的柑橘棒孢霉菌 *Corynespora citricola* M.B.Ellis。

【发病规律】

病菌在坏死组织中以菌丝体或分生孢子梗越冬（暖热地区分生孢子也可越冬），翌年春季产生子实体，散发新一代分生孢子，从叶面气孔侵入繁殖，8~9 月叶片出现大量病斑。此后由病斑上产生分生孢子进行复侵染，形成小病斑，潜伏越冬为害，翌年 2~4 月再次出现为害高峰。

该病在干燥气候下发病轻；降水多或通风透光差、修剪不好的果园发病重。根据在贵州进行的调查发现，常见的品种都可受到侵染，其中以橙类发病相对较重，橘类次之，柚类偶见。就树龄和寄主生长期而言，老年树重于幼树，春梢及成熟叶片重于夏梢、秋梢和嫩叶。一般情况下，本病不会造成严重灾害，是一种应予关注的新病害。

【防治方法】

1. **加强农事管理**　抓好肥水管理和修剪，培育壮树，增强寄主自身抗性。

2. **药剂防治**　结合防治介壳虫和红蜘蛛，加入 70% 甲基硫菌灵 1 000 倍液，或 70% 代森锰锌 800 倍液，或 50% 多菌灵可湿性粉剂 800 倍液喷雾，效果良好。

六　柑橘芽枝霉斑病

　　柑橘芽枝霉斑病是柑橘的一种新病害，四川和贵州等省均有分布。此病目前为害尚不严重，但其病斑特征与柑橘溃疡病在抗性品种上的症状很相似，现予以介绍。

【症状】

　　本病主要为害叶片，果实和枝梢很少见到病斑。叶斑初呈褪绿的黄色圆点，多见于叶正面，后渐扩大，最后形成大小为（2.5~3）毫米 × （4~5.5）毫米的圆形或不正圆斑。病斑褐色，边缘深栗褐色至黑褐色，具釉光，微隆起，中部较平凹，由褐色渐转为灰褐色，后期长出污绿色霉状物，即病原的分生孢子梗及孢子。病部穿透叶两面，其外围缺黄色晕圈，病健组织分界明显，以之与柑橘溃疡病和棒孢霉斑病相区别。

柑橘芽枝霉斑病

柑橘芽枝霉斑病叶片病斑

【病原】

病原菌为芽枝霉属的一种真菌 *Cladosporium* sp.，分生孢子梗单生或束生，黄褐色。

【发病规律】

病菌以菌丝在病残组织内越冬。翌年 3~4 月产生分生孢子，依靠风雨传播，飞溅于叶面，在露滴中萌发，从气孔侵入为害，进而又产生分生孢子进行复侵染，直至越冬。

春末夏初的温湿气候有利于病菌侵染，6~7 月和 9~10 月是主要发病期。甜橙比柑橘和柚类易感病。老龄及生长势差的树易发病。头年生老叶片发病多，当年生春梢上的叶片感病少，夏梢、秋梢上的叶片不发病。

【防治方法】

与柑橘棒孢霉褐斑病一并兼防，效果好。

七　柑橘煤污病

本病因在叶、果上形成一层黑色霉层而得名。全国柑橘产区都有发生，病原种类有多个，其中有些病菌还能侵害龙眼、荔枝、番石榴等常绿果树。植株受害后，光合作用受到影响，幼果易腐烂，成果品质变劣。

【症状】

柑橘煤污病为害柑橘的叶片、枝梢和果实，在其表面形成绒状的黑色或暗褐色霉层，后期于霉层上散生黑色小点粒（分生孢子器和闭囊壳）或刚毛状长形分生孢子器突起物。根据病原种类不同，霉状物的附生情况也各不相同。煤炱属引起的霉层为黑色薄纸状，易撕下或在干燥气候中自然脱落；刺盾炱属的霉层似黑灰，多发生于叶面，用手擦之即成片脱落；小煤炱属的霉层呈辐射状小霉斑，散生于叶两面，数十个乃至上百个不等。

煤污病严重的橘园，远看如烟囱下的树被盖上一层煤烟，光合作用严重受阻。病菌大量繁殖为害，造成树势衰退，叶片卷缩脱落，花少果小，对产量影响较大。成熟果着色不好，品质差，商品价低。

春甜橘小煤炱煤污病

柑橘粉虱致煤污病

【病原】

柑橘煤污病病原菌有 10 多种,除小煤炱属产生吸胞为纯寄生外,其他各属均为表面附生菌。病菌形态各异,菌丝体均为暗褐色,在寄主表面形成有性或无性繁殖体。子囊孢子因种而异,无色或暗褐色,有一至数个分隔,具横隔膜或纵隔膜,闭囊壳有柄或无柄,壳外有或不具附属丝和刚毛。我国柑橘已知的煤污病病原菌主要有三种。

1. **柑橘煤炱菌** *Capnodium citri* Berk.et Desm. 菌丝体丝状,分枝。

2. **巴特勒小煤炱菌** *Meliola butleri* Syd. 菌丝体粗大,具有对生附着枝和刚毛,菌丝断裂成为厚垣孢子。

3. **刺盾炱菌** *Chaetothyrium spinigerum*(Hohn.)Yamam. 菌丝体念珠状,外生,分枝。

【发病规律】

病菌以菌丝体、闭囊壳及分生孢子器等在病部越冬,翌年繁殖出孢子,孢子借风雨飞散落于蚧类、蚜虫等害虫的分泌物上,以此为营养,进行生长繁殖,辗转为害,引起发病。

本病全年都可发生，以5~8月发病最烈。几乎所有柑橘类品种都可受害，橘园植株高大，荫蔽，透光差，湿度大，发病重。病害与蚜虫、介壳虫和粉虱等昆虫的虫量及活动相关，并随之消长。

【防治方法】

1. **防治刺吸害虫**　加强防治介壳虫等刺吸式口器的昆虫。

2. **药剂防治**　用0.3%~0.5%石灰过量式波尔多液喷雾。200倍高脂膜或95%机油乳剂加对800倍50%多菌灵粉剂喷树冠效果好，连喷2次，间隔10天，煤污病病原物成片脱落。

3. **加强柑橘园管理**　特别是要搞好修剪，以利通风透光，增强树势，减少发病因素。

八 柑橘疮痂病

柑橘疮痂病是分布广泛的一种主要病害，以中亚热带和北亚热带柑橘产区的宽皮柑橘类发生较重。疮痂病、棒孢霉褐斑病、芽枝霉叶斑病、脂斑病等，都是与柑橘树溃疡病初期病症不易区别的类似病害。我国贵州、四川、浙江、福建、广东、广西、江西、湖南和台湾等省（区）均有分布。此病不仅影响柑橘产量，同时病果硬化难食，难以销售。20 世纪 50~60 年代各地发生较重，20 世纪 80 年代以来，由于管理水平不断提高，除局部果园外普遍发生较轻，分布区域也渐缩小。

【症状】

本病只为害柑橘，侵害叶片、嫩梢和幼果等柔嫩组织，春梢初展时最易感病。

1. 叶部病状　病斑一般发生于叶背面。发病初期呈油浸状黄褐色小圆点，之后逐渐扩大成蜡黄色斑。后期病斑向外隆出而其对应的叶面呈内凹状，病斑为木栓化瘤突及圆锥状的疮痂，并彼此愈合成疮瘤群，使叶片呈畸形扭曲。被害严重的叶片在干燥气候下易枯落，湿度大时病斑端部常有一层粉红色霉状物，即病原菌的分生孢子器。

2. 果上症状　幼果在花谢后不久即第一次生理落果期就可感病。初期病斑为褐色小点，后渐呈黄褐色圆锥状、木栓化瘤状隆起。

柑橘疮痂病病果

柑橘疮痂病病叶与病果

【病原】

本病由柑橘痂圆孢菌 *Sphaceloma fawcetti* Jenk. 侵染所致，属于半知菌腔孢纲黑盘孢目黑盘孢科痂圆孢属。其有性阶段为柑橘痂囊腔菌 *Elsinoe fawcetti* Bit.et Jenk.，属于子囊菌门腔菌纲多腔菌目多腔菌科痂囊腔菌属，在我国尚未发现。柑橘疮痂病菌只侵染柑橘类植物。

【发病规律】

病菌主要以菌丝体在病组织内越冬。翌年春季气温升至15 ℃以上和阴雨多湿时，越冬菌丝开始活动，形成分生孢子，由风雨或昆虫传播到春梢嫩叶和新梢上，萌发产生芽管，从表皮或伤口侵入，经3~10天的潜育期，即可产生病斑。不久病斑上又产生分生孢子，继续进行再侵染，谢花后侵染幼果，以后辗转为害夏、秋梢和早冬梢，最后又以菌丝体越冬。远距离传播靠带病苗木和果实。

【防治方法】

疮痂病的防治应采用以喷药保护为重点的综合防治措施。

1. 喷药保护　保护柑橘的幼嫩器官，防止病菌侵染。苗木和幼树以保梢为主，在各次梢期芽长 1~2 毫米或不超过一粒米长（0.5 厘米左右）时喷药 1 次，10~15 d 后再喷 1 次。结果树以保果为主，花落 2/3 时喷第二次药；若夏梢期低温多雨或秋梢期多雨，应各再喷药 1~2 次，保护夏、秋梢。

在新叶和幼果生长初期，可喷施下列药剂：68.75% 噁唑菌酮·代森锰锌可分散粒剂 1 500 倍液，60% 吡唑醚菌酯·代森联水分散粒剂 2 000 倍液，25% 溴菌腈微乳剂 2 000 倍液，12.5% 烯唑醇可湿性粉剂 2 000 倍液，10% 苯醚甲环唑水分散粒剂 2 000 倍液，20% 噻菌铜胶悬剂 1 000 倍液，25% 嘧菌酯悬浮剂 1 250 倍液，25% 咪鲜胺乳油 1 500 倍液，10% 苯醚甲环唑水分散粒剂 2 000 倍液，50% 苯菌灵可湿性粉剂 1 000 倍液，20% 唑菌胺酯水分散粒剂 2 000 倍液等。

2. 加强栽培管理 春季发芽前结合修剪，剪除病枝叶和过密枝条，清除地面枯枝落叶，集中深埋，减少初侵染菌源，并使树冠通风透光良好，降低湿度，减轻发病。加强肥水管理，及时防治其他病虫，促使树势健壮，新梢抽发整齐，可增强抗病力，缩短感病时期。

3. 苗木消毒 建园时引进苗木和接穗应进行检疫。来自病区的苗木和接穗可用 50% 多菌灵可湿性粉剂或 50% 甲基硫菌灵可湿性粉剂 800~1 000 倍液浸 30 分钟消毒。

九　柑橘绿霉病

柑橘绿霉病是贮藏期的重要病害，为害柑橘、柚子等。各产区均有发生。

【症状】

果实上病部先发软，呈水渍状，2~3 天后产生白霉状物（病原菌的菌丝体），后中央出现绿色粉状霉层（病原菌的子实体），很快全果腐烂，果肉发苦，不堪食用。

明柳甜橘绿霉病

果园里的绿霉果实

【病原】

病原菌为指状青霉菌 *Penicillium digitatum*（Pers.ex Fr.）Sacc.。分生孢子梗较粗短，帚状分枝顶端往往二轮生，瓶梗 3~5 个，分生孢子串生，椭圆形。

【发病规律】

病原可以在各种有机物质上营腐生生活，并产生大量的分生孢子扩散在空气中，通过气流传播，萌发后的孢子必须通过果皮的伤口才能侵入为害，引起果实腐烂。以后在病部又能产生大量的分生孢子进行重复侵染。高温高湿条件利于发病，在 25~27 ℃发病最多，如在雨后、重雾或露水未干时采果，果皮含水量高，易擦伤致病。

【防治方法】

1. 搞好果树修剪　要通风透光，清除病虫果、枝、叶，减少病源。

2. 采收、包装和运输中尽量减少伤口　不宜在雨后、重雾或露水未干时采收。注意橘果采收时的卫生。要避免拉果剪蒂、果柄留得过长及剪伤果皮。

3. 贮藏库及其用具消毒　贮藏库可用硫黄密闭熏蒸 24 小时，或果篮、果箱、运输车箱用 70% 甲基硫菌灵可湿性粉剂 400 倍液或 50% 多菌灵可湿性粉剂 300 倍液消毒。

4. 采收前后药剂防治　可参考柑橘青霉病。

一〇 柑橘青霉病

柑橘青霉病过去一直被视作贮运期间的主要病害，烂果率有时高达 10%~30%，损失严重。近年，在贵州南部的许多橘园，特别是在 9 月、10 月降水天数多时，青霉病大发生，病果率高达5%~8%，烂果遍地，叶上和枝干上附生着一层厚厚的绿霉。由此可见，病害发生场所有了较大的变化。

【症状】

发病初期，果皮软化，水渍状褪色，用手轻压极易破裂。此后在病斑表面中央长出许多气生菌丝，形成一层厚的白色霉状物，并迅速扩展成白色近圆形霉斑。接着又从霉斑中部长出青色或绿色粉状物，即分生孢子梗及分生孢子。由于外缘由菌丝组成的白色霉斑扩展侵染快，青、绿色粉状霉生长慢，所以在后者外围通常留有一圈白色的菌丝环。病部发展很快，几天内便可扩展到全果湿腐。橘园发病一般始于果蒂及邻近处，贮藏期发病部位无一定规律。

柑橘青霉病（左），绿霉病（右）

柑橘青霉病果园为害状

柑橘青霉病病果

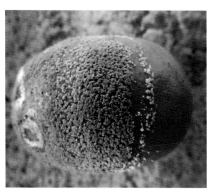

明柳甜橘青霉病

【病原】

病原菌为青霉属白孢意大利青霉菌 *Penicillium italicum* Weh.。病菌分生孢子梗无色，具隔膜，先端数次分枝，呈帚状，孢子小梗无色，单胞，尖端渐趋尖细，呈椭圆状。小梗上串生分生孢子，分生孢子单胞，无色，近球形至卵圆形，近球形者居多。

【发病规律】

青霉病病原菌遍布全球，一般腐生在各种有机物上，产生大量分生孢子随气流传播，经伤口侵入柑橘果实。在贮运期间，也可通过病健果接触而感染。果实腐烂产生大量二氧化碳，被空气中的水汽吸收产生稀碳酸而腐蚀果皮，并使果面 pH 值呈酸性环境，促进病菌加速侵染，更导致大量烂果。

青霉菌生长温度为 3~32 ℃，以 18~26 ℃最适，所以贮运中前期多为青霉菌腐果后释放出的生物热能，促使果堆温度升高，致使后期绿霉病发生严重。在相对湿度达 95% 以上时发病迅速。虫伤和采运过程中机械损伤，利于分生孢子萌发侵染。空气中的细菌从伤口侵入，造成伤处腐烂产酸，促进青、绿霉菌的繁殖。果实采收后，水分含量大，呼吸作用未停止，释放的生物热能多，此时如果要现采现包装，并随即贮运，会造成果实中温度高、湿度大，利于病菌侵染为害。

【防治方法】

1. 橘园防治

（1）结合防治柑橘炭疽病、矢尖蚧等，采果后全株喷 1 次 0.5 波美度石硫合剂。如气温较低，可加到 1 波美度。

（2）冬季施肥时，翻 1 次园土，把土表霉菌埋于地中。合理修剪，去除荫蔽枝梢，改善通风透光环境，降低株间过高的相对湿度。

（3）采收前 7 天，喷 1~2 次杀菌剂保护，要尽量喷到果实上。药剂可选用常规品种，如喷洒 70% 甲基硫菌灵可湿性粉剂 1 500 倍液等。

2. 贮藏期防治　　选择晴天采果，轻采轻放，不让果实损伤。挑出虫伤果和机械碰损果，做如下处理：可选用 50% 抑霉唑乳油 1 000 倍液浸果 30 秒或 50% 咪鲜胺 1 500 倍液浸果 1~2 分钟，取出晾干后装箱。精选无伤鲜果，放 3 天后再用净纸单果包装入箱。将处理过的果保持于 3~6 ℃，相对湿度 80%~85% 条件下贮藏。

柑橘灰霉病

柑橘灰霉病可为害花、幼果、叶及成熟果实。

【症状】

开花期阴雨天多，花瓣上先呈现水渍状小圆点，后迅速扩大引起花瓣腐烂，并长出灰黄色霉层，干燥时呈淡褐色干腐状。侵入嫩叶发生水渍状腐烂斑块，干燥时病叶呈淡黄褐色半透明状。另外，该病还可侵染高度成熟的果实，发病部位褐色、变软，其上生鼠灰色密结霉层，失水后干枯变硬，有霉味。

柑橘灰霉病为害幼果

柑橘灰霉病病果

柑橘灰霉病四季橘斑点

【病原】

病原菌为灰葡萄孢霉 *Botrytis cinerea* Pers.，属半知菌丝孢纲的一种真菌。病部鼠灰色霉层即分生孢子梗和分生孢子。

【发病规律】

灰霉病病菌的菌核和分生孢子的抗逆力都很强，尤其菌核是病菌主要的越冬器官。灰葡萄孢霉是一种寄主范围很广的兼性寄生菌，多种水果、蔬菜及花卉都可发生灰霉病，因此，病害初侵染的来源除在葡萄园内的病花穗、病果、病叶等残体上越冬的病菌外，其他场所甚至空气中都可能有病菌的孢子。菌核越冬后，翌年春季温度回升，遇降水或湿度大时即可萌动产生新的分生孢子，新、老分生孢子通过气流传播到花上，孢子在清水中不易萌发，花上有外渗的营养物质，分生孢子便很容易萌发，开始当年的初侵染。初侵染发病后又长出大量新的分生孢子，极易脱落，之后又靠气流传播进行多次再侵染。

多雨潮湿和较凉的天气条件适宜灰霉病的发生。菌丝的发育以 20~24℃最适宜，因此，春季花期，不太高的气温又遇上连阴雨天，空气潮湿，最容易诱发灰霉病的流行，常造成大量花腐烂脱落，坐果后，果实逐渐膨大便很少发病。另一个易发病的阶段是果实成熟期，如天气潮湿易造成烂果，这与果实糖分、水分增高，抗性降低有关。地势低洼、枝梢徒长郁闭、杂草丛生、通风透光不良的果园，发病也较重。灰霉病病菌是弱寄生菌，管理粗放，施肥不足，机械伤、虫伤多的果园，发病也较重。

【防治方法】

1. **清洁果园**　病残体上越冬的菌核是主要的初侵染源，因此，应结合其他病害的防治，彻底清园，搞好越冬休眠期的防治。春季发病后，于清晨趁露水未干时，仔细摘除和销毁病花，以减少再侵染菌源。

2.**药剂防治**　花前喷 1~2 次药剂预防，可使用 50% 多菌灵可湿性粉剂 500 倍液，或 70% 甲基硫菌灵可湿性粉剂 800 倍液等，有一定效果，但灰霉病病菌对多种化学药剂的抗性较其他真菌都强。50% 腐霉利可湿性粉剂在柑橘上使用，每次每亩用 0.1 千克喷雾对灰霉病有很好的防治效果。

一二　柑橘根霉软腐病

柑橘根霉软腐病是贮运期常见病害。

【症状】

病斑初呈不规则形水渍状，后扩展迅速变软腐烂，表面长出大量白色至灰色绵毛状物，其上密生点点黑粒。

柑橘根霉软腐病菌丝

柑橘根霉软腐病病果

【病原】

病原菌为匍枝根霉（黑根霉）*Rhizopus stolonifer*（Ehrenb.ex Fr.）Vuill。本菌产生匍匐菌丝和假根。病菌寄生性弱，分泌果胶酶能力强，破坏性大。瓜果等多汁果实受害后易腐烂，并在腐烂处产生孢子囊。

【发病规律】

病原菌广泛生存于空气、土壤中，通过伤口侵入成熟果实。绵毛状的菌丝体可伸展蔓延到周围健果为害。

【防治方法】

小心采收、装运，尽量减少伤口；单果包装可控制接触传染；可试用 0.09% 氯硝胺药液浸果。

一三 柑橘黑色蒂腐病

柑橘黑色蒂腐病又称焦腐病，主要为害贮运期柑橘。成熟的果实采收后 2~4 周较易发病。果实腐烂的速度比褐色蒂腐病快，亦能在田间为害枝干、果实，但不为害青果。是各柑橘种植区常见病害之一。厚皮类橘、甜橙、柚、柠檬均可受害。

【症状】

初在果蒂周围出现水渍状、柔软病斑，后迅速扩展，病部果皮暗紫褐色，缺乏光泽，指压果皮易破裂撕下。蒂部腐烂后，病菌很快进入果心，并穿过果心引起顶部出现同样的腐烂症状。被害囊瓣与健瓣之间常界线分明。烂果常溢出棕褐色黏液，剖开烂果，可见果心和果肉变成黑色，无明显

柑橘黑色蒂腐病为害年橘

病斑，最终枯死，其上密生黑色分生孢子器。枝条被害时，呈暗褐色，无明显病斑，最终枯死，其上也密生黑色分生孢子器。柑橘遭受冻害、日灼后，特别易被此菌寄生而致死。田间的果实一般不发病，除非伤果、虫果或过熟果。果实成熟后，虽然有时也可被害，但自然着色的果实比用乙烯利催熟转黄的果实发病轻。

【病原】

病原菌为 *Botryodiplodia theobromae* Pat.，异名 *Diplodia natalensis* Pole Evans，属腔孢纲真菌。

此菌在热带、亚热带地区寄主很多，还为害香蕉、杧果、番木瓜、番石榴、油梨、南瓜、芋头等，是果蔬贮藏期间主要的病原真菌。但在北温带，致病性很弱，多呈腐生状态。本菌分生孢子成熟后不易萌发，生长最适温为 30 ℃，25 ℃时生长减慢。

【发病规律】

病菌以菌丝体和分生孢子器在病枯枝及其他病残余组织上越冬。分生孢子由雨水飞溅到果实上，在萼洼与果皮之间潜伏，或在托盘的坏死组织上腐生，能耐较长时间的干燥环境。采后在适宜条件下，由伤口特别是果蒂剪口，或自然脱落的果蒂离层区侵入（一般在离层产生前不能侵入）。一旦侵入，发展很快。故贮运期间的病果来自田间，但贮运过程中并不继续接触传播，因为腐烂的病果往往尚未形成孢子。

冬季遭受寒害、栽培管理不善、树势衰弱，发病较多；果蒂脱落、果皮受伤的果实容易被害；乙烯褪绿时，用量过大会加速腐烂；温度 28~30 ℃时果实腐烂迅速，在逐渐成熟过程中多雨时，发病亦较多。

【防治方法】

1. 加强田间管理　增强树势，避免寒害，早春结合修剪，处理病枯枝；采收时，尽量减少和避免产生伤口。

2. 药剂防治　正确使用乙烯利催熟；采收后，结合防治青、绿霉病，做防腐浸果处理，若能在田间后期喷施 1~2 次 50% 多菌灵 800~1 000 倍液，可减少贮运期间发病。

一四　柑橘酸腐病

　　柑橘酸腐病又称白霉病，是柑橘贮运中常见的病害之一。用塑料薄膜包装的果实更易发生。若与青霉病、绿霉病、褐腐病混合发生，腐败速度大为增快。柑橘类中，尤以柠檬、酸橙最易患酸腐病，橘类、甜橙类的发病也颇严重。

【症状】

　　柑橘酸腐病在果皮伤口处产生水渍状淡黄色至黄褐色圆形病斑，极柔软多汁，轻擦果皮，其外表皮极易脱离。病斑迅速扩展至全果腐烂，组织分解溃散，流出汁液，病果变为黏湿一团，并发出强烈酸臭气味，后期病果上偶尔可长出很薄的白色霜状菌丝膜。

柑橘酸腐病病果

【病原】

　　病原菌为白地霉 *Geotrichum candidum* Link，属丝孢纲丝孢目丝孢科地霉属。

【发病规律】

酸腐病病菌为腐生菌，果实贮藏期间从果皮伤口侵入。在高温密闭条件下，溃烂病果流出含有大量分生孢子的汁液，污染健果，重复侵染。病果散发出的酸臭气味招引果蝇舐食和产卵，也可能有助于孢子的扩散和传播。

病菌需要相对稍高的温度，在26.5 ℃时生长最快，15 ℃以上才引起腐烂，10 ℃以下腐烂发展很慢，在24~30 ℃的温度和较高的湿度下，5天内病果全部腐烂，并且邻近果实也会因接触而感染受害。病菌虽为伤夷菌，但对伤口浅的果实不易很快入侵，往往需要较深的伤口，故一些刺吸式口器的昆虫，如吸果夜蛾，在造成伤口方面起较大作用。未成熟果实具有抗性，成熟或过熟的果实则易感病。

【防治方法】

1. 减少伤口　药剂防治吸果夜蛾，或采收时不用尖头剪刀，避免造成伤口。

2. 低温贮运　一般果温低于10 ℃几乎可完全抑制酸腐病。

3. 药剂浸果　收获后药剂浸果，目前常用0.05%~0.1%抑霉唑浸果处理，防治酸腐病效果相对较好。

一五　　柑橘干腐病

　　柑橘干腐病是贮藏期常见的病害，橘园中也偶见发生。在通风透气的贮藏库中，此病的发病率稍高，青霉病、绿霉病、黑腐病、褐腐病、酸腐病、蒂腐病等则发生重。

【症状】

　　初期症状为圆形略褪黄的湿润斑，果皮发软。随后病斑向四周扩展，渐呈褐色至栗褐色，革质干硬，稍下陷，边缘病健界限明显，形成干疤。病部大多发生在蒂部及其四周。在高温适温情况下，病菌可由蒂部侵入果实心柱，使心柱及种子受害。一般情况下，病菌只为害果皮，不侵害果肉或浅侵入紧贴病斑皮下的果肉。果园症状与炭疽病发生在蒂部四周的干燥斑极难分别，气候干燥时常挂果上，多雨时易脱落。落地果由于湿度大，病部长出白色气生菌丝，后期菌丝丛中出现红色霉状物，以此与炭疽病菌相区别。

柑橘干腐病病果

【病原】

病原菌主要为镰孢菌属的多种真菌，国内外报道分离的病原菌有 10 多种，分离频率高的是：小孢串珠镰孢菌 *Fusarium moniliforme* Sheld.var.*minus* Wollenw、腐皮镰孢菌 *Fusarium solani*（Mart.）App.et Wollenw、尖镰孢菌 *Fusarium oxysporum* Schlecht.、砖红镰孢菌 *Fusarium lateritium* Nees 和异孢镰孢菌 *Fusarium heterosporium* Nees 等。

【发病规律】

本菌主要为害温州蜜橘和甜橙类果实，柚不被侵害。初侵染源来自腐烂的有机物或贮运工具中携带的分生孢子，采收季节如遇多雨天气则病菌传播量多。10~15 ℃下贮藏发病较重。

【防治方法】

1. **物理防治** 晴天采收果实，选无伤口的健壮果贮藏。注意调节贮藏期的温湿度，特别是要让果实呼吸作用产生的气体能排出。

2. **化学防治** 贮藏装箱时，用 0.02% 的 2,4–D 对 800 倍液 50% 多菌灵可湿性粉剂稀释液浸果 2 分钟。2,4–D 能防止果柄脱落，使病菌难以侵入，多菌灵能防治果皮外的分生孢子。

一六　柑橘黑腐病

柑橘黑腐病又叫黑心病，各地均有分布。温州蜜柑和橘类较易感病。主要为害贮藏期果实，田间幼果和枝叶也可受害。

【症状】

成熟和贮藏期果实发病表现为心腐、黑腐、蒂腐、干疤等症状。

1.**心腐型**　又称黑心型。病菌自果蒂部伤口侵入果实中心柱（果心），沿中心柱蔓延，引起心腐。病果外表完好，无明显症状，内部果心及果肉则变墨绿色腐烂，在果心空隙处长有大量深墨绿色茸毛状霉。橘类和柠檬多发生这种症状。

2.**黑腐型**　病菌从伤口或脐部侵入，初呈黑褐色或褐色圆形病斑，扩大后稍凹陷，边缘不整齐，中部常呈黑色，病部果肉变为黑褐色腐烂，干燥时病部果皮柔韧，革质状。在高温高湿条件下，病部可长出灰白色菌丝，后变为墨绿色茸毛状霉。病果初期味变

椪柑蒂腐型黑腐病

椪柑黑心型黑腐病

酸，有霉味，后期酸苦。温州蜜柑和甜橙多发生此症状。

3. 蒂腐型 病菌从果蒂部伤口侵入，症状与黑心型类似，但在果蒂部形成圆形的褐色软腐病斑，大小不一，通常直径 1 厘米左右。

4. 干疤型 病菌从果皮和果蒂部伤口侵入，形成深褐色圆形病斑，病健交界处明显，直径多为 1.5 厘米左右，呈革质干腐状，病部极少见到茸毛状霉。

【**病原**】

病原菌为柑橘链格孢菌 *Alternaria citri* Ell.et Pierce，属于丝孢纲丝孢目暗色孢科链格孢属。病菌的生长适温为 25 ℃，降至 12~14 ℃时生长缓慢。

【**发病规律**】

柑橘黑腐病病菌主要以分生孢子附着在病果上越冬；菌丝体也可以潜伏在枝、叶、果组织中越冬，当温湿度条件适宜时产生分生孢子，由风力传播。在果实整个生长期间，可从花柱痕或果面任何伤口侵入，以菌丝潜伏在组织内，直至果实生长后期或贮藏期，才破坏木栓层侵害果实，引起腐烂。通常在贮藏后期，抗病力降低和温度适宜时大量发病，而后在腐烂的果实上产生分生孢子，进行再侵染。柑橘黑腐病病菌属于寄生性较弱的真菌，一般都只能通过果皮伤口或果蒂口侵入。因此，在管理、采收、贮运过程中，果实受伤会增加受侵染的机会。黑腐病的发生与品种关系密切，橙类发病轻，椪柑、温州蜜柑、橘类发病较重。

【**防治方法**】

1. 加强栽培管理 增强树势，及时修剪枯枝、衰弱枝，减少果实受伤。

2. 适时采果，精细采收，提高采果质量 根据贮运和销售实际，掌握合适成熟度，晴天采果，在采收、运输、贮藏过程中，注意轻拿、轻放、轻运，减少各种机械损伤。

3. 贮藏期防治　除做好贮藏库、室的消毒外，注意调节贮运期的温湿度。

4. 药剂防病　目前对链格孢菌引起的病害尚无高效农药，以铜制剂较为有效。

5. 果实处理　目前尚无采收后防腐的高效农药。一般用 0.02% 2,4-D 浸果，可以延缓果实衰老，保持果蒂青绿，推迟黑腐病的发生时间，但不能杀灭病菌，无治疗作用。抑霉唑对其亦有抑制作用。用抑霉唑乳油 0.033 2%+2,4-D 0.02% 浸果处理,除防治青、绿霉病外，还能抑制黑腐病发生。

一七　柑橘褐色蒂腐病

【症状】

柑橘褐色蒂腐病与黑色蒂腐病这两种病害为害果实的初期症状很相似，通常都是环绕蒂部开始发病腐烂，故统称蒂腐病，有时也从果顶和其他伤口处先发病。病部略褪色，柔软水渍状，渐变为淡褐色至褐色圆形病斑，柔韧似革质，以后两病症状略有不同。

柑橘褐色蒂腐病病果

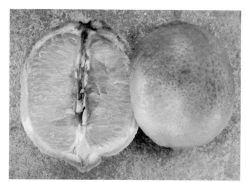
柑橘褐色蒂腐病为害尤力克柠檬

褐色蒂腐病从蒂部逐渐向脐部扩展，色泽加深，橘类病部变为淡黄褐色至黄褐色，甜橙病部扩大到果面 1/3~1/2 时，变为褐色至深褐色，故称褐色蒂腐病。病部边缘常呈波纹状，最后可使全果腐烂。由于病菌在果实内部扩展比在果皮快，当果皮变色扩大到果面 1/3~1/2 时，果心已全部腐烂至脐部，故本病又称"穿心烂"。沿果心有白色棉絮状菌丝体向脐部很快扩展，并达到瓤瓣间及果皮白色部分，使之变色腐烂。在温暖高湿的贮藏条件下，病果迅速腐烂，有时在病果表面亦长有白色菌丝体，并形成灰褐色至黑色的小粒点状分生孢子器。

【病原】

病原菌为小孢拟茎点霉 *Phomopsis cytosporella* Penz.et Sacc，异名为柑橘拟茎点霉 *Phomopsis citri* Fawcett。

【发病规律】

病菌的寄生性不强，只有植株受伤或植株衰弱的情况下才能入侵为害。通常以菌丝体和分生孢子器在枯枝及死树皮上越冬，枯枝上的分生孢子器为初侵染源，终年可产生分生孢子。分生孢子由风、雨、昆虫等传播，暴风雨使病害大大扩散。一般子囊壳即使产生，数量也较少，在病害循环中作用不大。此菌亦有被抑侵染的特性，侵入蒂部和内果皮后，潜伏到果实成熟才发病。贮运期间，病果接触传染的机会很少，除非运输期过长，箩筐内湿度过大，有的病果严重腐烂并长出白霉状的菌丝体及黑色分生孢子器。故基本无再侵染。

低温是诱发本病的主导因素，在冬季气温较低的地区，容易随寒潮及早霜而发生，柑橘树冻伤，被害尤其严重；果蒂干枯脱落、蒂部受伤及采收时果柄剪口是褐色蒂腐病病菌的主要入侵处；高温高湿利于发病，特别是在贮运期间、展叶期及花瓣脱落后 3 个月的温湿度对发病程度影响较大，并影响贮运过程中的病情；栽培管理不善，树势衰弱，往往先是枝干被害，而后继续影响果实发病率。

【防治方法】

主要应控制田间发病。

1. 加强栽培管理 增强树势，做好防寒工作，这是预防本病的主要措施。

2. 清除病枝 早春结合修剪，清除病枝梢、枯枝等，集中深埋，以减少果园内的菌源。

3. 药剂防治 对已发病的柑橘树，春季彻底刮除病组织，并以1%硫酸铜，或50%多菌灵100倍液，或康复剂消毒保护伤口；结合防治疮痂病、炭疽病，在结果初期或开花前，喷施50%多菌灵可湿性粉剂500~800倍液，50%甲基硫菌灵可湿性粉剂1 000~1 500倍液。果实采收前7~10天内喷药，80%代森锰锌可湿性粉剂1 000倍液，或50%甲基硫菌灵可湿性粉剂1 000~1 500倍液，或50%多菌灵可湿性粉剂1 500倍液，可较有效预防果实贮藏期中该病的发生。采收时尽量减少伤口。

4. 果实防腐处理 果实采收后1~3天内用药剂处理，可用25%抑霉唑乳油1 000~1 500倍液，或45%噻菌灵悬浮剂450~600倍液，或25%咪鲜胺乳油500~1 000倍液，或14%咪鲜胺·抑霉唑乳油600~800倍液，或70%甲基硫菌灵可湿性粉剂1 000倍液浸果，可减轻发病。

一八 柑橘脚腐病

　　柑橘脚腐病又名裙腐病，是橘产区最常见的主要病害之一，主要为害甜橙、柑橘类，柚类受害较轻。植株受害后，根颈、根群或主干基部树皮腐烂，导致树势衰退，产量下降，品质变劣，严重时整株死亡。

【症状】

　　由于病原不同，本病症状有多种表现。

　　植株主干基部发病，病部一般不超过距地表40厘米处。幼树定植埋土过深嫁接时，多从接口以上的干基发病。病部初呈水渍状暗褐色侵染，侵害树皮，后逐渐扩展到形成层、木质部，并纵横发展。纵向扩展速度和面积均比横向快，向上最高可蔓延至主干基部距地面45厘米左右处，向下可蔓延至根部，引起主、

柑橘脚腐病为害树颈干　　　　　柑橘脚腐病为害主干基部

侧根乃至须根大量腐烂。

发病轻的树仅表现为叶色黄化，果实早黄皮厚；病情严重时，大多数枝干的叶脉褪绿呈黄褐色，叶黄化脱落，枝随之干枯。病树开花多，落果早，残留果小而早黄，味酸苦。当病斑环绕枝干时，病株叶片严重发黄，梢条大量干枯，植株一般越冬后死亡。

【病原】

国内报道分离的本病病原真菌已知有 12 种，即腐皮镰孢、寄生疫霉、柑橘褐腐疫霉、德氏腐霉、逸见腐霉、腐霉 –1、棕榈疫霉、齿孢腐霉、腐霉 –2、尖镰孢霉、立枯丝核菌、甘薯基腐小菌核菌，以前 5 种最为常见，为害也较重。

【发病规律】

病菌能在土壤或病残体中腐生，疫霉菌以菌丝体或厚垣孢子、卵孢子，镰孢霉菌以菌丝体或厚垣孢子在根颈部病组织中或随病残体遗留在土壤中越冬，成为初侵染源。在柑橘生长季节，除病组织中的菌丝体可继续扩展为害外，疫霉菌产生的孢子囊和孢子囊释出的游动孢子，镰孢霉菌产生的分生孢子，通过雨水传播到根颈部，萌发芽管从伤口或衰弱处侵入为害。亦可侵染近地面的黄熟果实引起褐腐病。

【防治方法】

1. **采用抗病砧木**　在适合用枳和枸头橙作砧木的地区，应尽量采用这些抗病砧木育苗，并应适当提高嫁接口位置。地下水位较高或密植的橘园，避免用甜橙、红橘等作砧木。

2. **加强栽培管理**　地势低洼、土壤黏重、排水不良的橘园，应做好开沟排水工作，做到雨季无积水，雨后不板结。避免间种高秆作物，以免增加主干周围的湿度。定植不可过深，嫁接口露出土面。增施有机肥料，施肥和耕作要防止弄伤树干基部及根部皮层。及时防治天牛、吉丁虫等树干害虫。

3. 治疗病树　　在发病季节经常检查橘园发病情况，发现病株应将根颈部土壤扒开，刮除病部及周围 0.5~1.0 厘米宽的无病组织，或用利刀纵划病部，深达木质部，再用毛刷涂刷药剂于刮、划口处。待伤口愈合后再填盖河沙或新土，刮下的病组织必须带出园外。

及时将病树腐烂皮层刮除，并刮掉病部周围健全组织 0.5~1.0 厘米，然后于切口处涂抹 1：1：10 波尔多液，或 3% 硫酸铜液，或 80% 三乙膦酸铝可湿性粉剂 200 倍液，或 25% 甲霜灵可湿性粉剂 500 倍液，或 50% 甲霜铜可湿性粉剂 100 倍液，涂药后用薄膜包扎。

4. 靠接抗病砧木　　重病树在刮除病部后，主干基部靠接 3~4 株抗病实生苗，以增强和取代原有根系，并进行重剪和根外追肥，可促使病树恢复健康。此法用于幼年病树的效果尤为显著。

一九　柑橘疫腐病

　　柑橘疫腐病造成烂果，通称褐腐病。宽皮橘类、甜橙、柚、柠檬均可被害。我国广东、广西、福建、浙江、江西、湖南、台湾均有发生,但以四川较为普遍。秋季果实成熟期间,常阴雨绵绵,疫霉菌得以侵染果实，引起大量落果，贮运期继续传播为害。

【症状】

　　果实受害，往往先发生于近地面果实，初为淡灰色圆斑，逐渐发暗，不凹陷，革质，有韧性，指压不破，最终软腐后有刺鼻味道，高温高湿时，病部生出稀疏白霉层，即病原菌的子实体。

柑橘疫腐病病果

【病原】

　　本病由鞭毛菌卵菌纲的多种疫霉引起，主要是柑橘褐腐疫霉 *Phytophthora citrophthora*（R.et E.Smith）Leon.。

【发病规律】

　　病菌以卵孢子或厚垣孢子在土壤内越冬，或以菌丝状态在病残组织或田间的病树上越冬。各种患病寄主亦是菌源场所。结果期间阴雨连绵，游动孢子随雨水溅到果上侵入为害。水源较多的柑橘园，灌溉水常起传播孢子的作用。病果一旦混进箩筐，运输期间可继续接触传病。通常受侵染的果实采收后 10 天内就发病，但也有少数潜伏 1~2 个月才发病。由于病菌可侵入种皮，疫腐病果的种子往往带病菌。

　　果腐发生最主要的因素是结果期有较长时期的阴雨天，偏施氮肥的病重，树冠下部或下垂枝上的果实病多，地窖贮藏较通风库贮藏的病重。

【 **防治方法** 】

　　1. **采收前防治**　　采收前 1 个月内，喷施 25% 甲霜灵可湿性粉剂 500 倍液 2 次。

　　2. **采收后防治**　　应摘除病果，清除落果，选用 25% 甲霜灵可湿性粉剂 600 倍液，80 % 代森锰锌可湿性粉剂 600~800 倍液，40 % 松脂酸铜·烯酰吗啉水剂 500~600 倍液等。

　　3. **贮藏期防治**　　贮藏初期，翻检剔除烂果。

　　4. **农业防治**　　用抗病砧木、高接、涂白、热水消毒苗木等措施可控制柑橘的疫腐病发生。

二〇　柑橘流胶病

柑橘流胶病是柑橘产区的主要病害之一，主要为害柠檬，也可为害红橘和柚等果树，在四川常称柠檬流胶病。本病为害主干，有时亦为害主枝，影响树势。严重时病部扩展引起树干"环割"，导致植株死亡。

【症状】

病斑不定形，病部皮层变褐色，水渍状，并开裂、流胶。流胶主要发生在主干上，其次为主枝，小枝上也可发生。叶片的中脉及侧脉呈深黄色，容易脱落，落叶枝梢容易干枯。病树开花多，幼果早落，残留的果实小，提前转黄，味酸。有的病株发病后期病部表面可见有针头大小的菌核。老病斑有时可以形成自

柑橘流胶病病树

然愈合组织，有时干燥翘裂，发病部位相应的树冠出现大量落叶，一般 3~5 年病斑环绕树干，整株死亡。

【病原】

柑橘流胶病病原菌有 6 种，即壳囊孢属真菌 *Cytospora* sp.、疫菌 *Phytophthora* sp.、2 种镰刀菌 *Fusarim* spp. 和 2 种黑蒂腐菌 *Diplodia* sp.，其中，以疫菌感染和病斑扩散最快。

【发病规律】

以高温多雨的季节发病较重，菌核引起的流胶以冬季最盛。果园长期积水、土壤黏重、树冠郁闭等都是影响发病的重要条件。发病与品种有关，在四川以柠檬、甜橙最为严重，其他品种次之，在浙江以温州蜜柑（早熟的更烈）、椪橘、早橘较重。

【防治方法】

1. **药剂防治**　在病部采取浅刮深刻的方法，即先将病部的粗皮刮去，再纵切裂口数条，深达木质部，然后涂以 50% 甲基硫菌灵可湿性粉剂或 50% 多菌灵可湿性粉剂 100~200 倍液，或 80% 乙膦铝 100~200 倍液，或 25% 甲霜灵可湿性粉剂 400 倍液，或多效霉素可湿性粉剂 8~10 倍液另加 0.002% 2,4-D 钠盐等。

2. **人工防治**　注意开沟排水，改良果园环境条件；平时做好树干刷白、刨土工作，加强蛀干害虫防治。

二一　柑橘白纹羽病

柑橘白纹羽病寄主范围很广，包括木本树木、蔬菜和禾本科作物共 34 科 60 多种植物。在果树方面，可为害柑橘、苹果、梨、桃、李、梅、杏、樱桃、葡萄、柿、板栗等。

【症状】

在潮湿情况下被感染的根表面，病菌形成许多菌丝，呈白色羽绒状。菌丝多沿小根生长，通常在根周围的土粒空间形成扁的菌丝束，后期菌丝束色变暗，外观为茶褐色或褐色。病菌在被感病的植株上迅速生长，产生细小的白色菌丝迅速覆盖其上。病菌也产生菌核样块状物，出现在病组织的表面。初期，地上部分仅有些衰弱，外观与健树无异，待地上部出现树枝

柑橘白纹羽病

过分衰弱、坐花过多、夏天萎凋、叶变黄等异常现象时，根部则已大部分受害，此时着手防治已为时过晚。所以，病株枯死的多，为害也大。

【病原】

病原菌为褐座坚壳菌 *Rosellini necatrix*（Hartig）Berlese，属子囊菌门核菌纲球壳菌目炭角菌科。子囊壳褐色至黑褐色，在寄主表面群生，直径 1~2 毫米，用解剖镜可看见。菌丝初呈白色，

很细，尔后变灰褐色，在罹病根上形成根状菌丝束。菌丝束内部的菌丝呈白色。将根的皮层剥开，在形成层上有白色扇形菌丝束。菌丝隔膜处呈洋梨状膨大，这是本菌的特征。

病菌生长最适温度为 25 ℃，最高为 30 ℃，最低为 11.5 ℃。

【发病规律】

病菌以菌丝体、根状菌索或菌核随着病根遗留在土壤中越冬。环境条件适宜时，菌核或根状菌索长出营养菌丝，首先侵害果树新根的柔软组织，被害细根软化腐朽以至消失，后逐渐延及粗大的根。此外，病健根相互接触也可传病。远距离传病，则通过带病苗木的转移。由于病菌能侵害多种树木，由旧林地改建的果园、苗圃地，发病常严重。

【防治方法】

1. **选栽无病苗木**　起苗和调运时，应严格检验，剔除病苗，建园时选栽无病壮苗。如认为苗木染病时，可用 10% 的硫酸铜溶液，或 20% 的石灰水，或 70% 的甲基硫菌灵 500 倍液浸渍 1 小时后再栽植。

2. **挖沟隔离**　在病株或病区外围挖 1 米以上的深沟进行封锁，防止病害向四周蔓延扩大。

3. **加强果园管理**　注意排除积水，合理施肥，氮、磷、钾肥要按适当比例施用，尤其应注意不偏施氮肥和适当增施钾肥，合理修剪，加强对其他病虫害的防治等。

4. **苗圃轮作**　重病苗圃应休闲或用禾本科作物轮作，5~6 年后才能继续育苗。

5. **病树治疗**

（1）及时检查治疗：对地上部表现生长不良的果树，秋季应扒土晾根，挖开根区土壤寻找患病部位，刮除病部并涂药；对于主要为害细根、支根的紫纹羽病，要根据地上部的表现，先从重病侧挖起，再详细追寻发病部位。

（2）清理患部并涂药消毒：找到患病部位后，要根据不同情况进行不同处理。局部皮层腐烂者，用小刀彻底刮除病斑，刮下的病皮要集中处理，不要随便抛掷；也可用喷灯灼烧病部，彻底杀死病菌。整条根腐烂者，要从基部锯除，并向下追寻，直至将病根挖净。大部分根系都已发病者，要彻底清除病根，同时注意保护无病根，不要轻易损伤。清理患病部位后，要在伤口处涂抹杀菌剂，防止复发。对于较大的伤口，要糊泥或包塑料布加以保护。对于严重发病的树穴，要灌药杀菌或另换无病新土。

（3）改善栽培管理，促进树势恢复：对于轻病树，只要彻底刮除患部并涂药保护，不需要特殊管理即可恢复。对于病斑几乎围颈一周或烂根较多的重病树，要重剪地上部，在茎基部嫁接新根，或者在病树周围栽植小树并嫁接到主干上，以苗木的根系代替原来的根系，在地下增施速效肥料，在地上部进行根外追肥。

二二　　柑橘白粉病

柑橘白粉病分布于华南及西南地区，在福建、云南及四川等低山温凉多雨的柑橘产区，可引起大量落叶、落果和枝条干枯。

【症状】

本病主要为害成年树的嫩叶、新梢和幼果。嫩叶正、背面均可发病，但以正面为多。常从主脉附近开始产生近圆形的疏松白粉状霉层或霉斑（菌丝层及分生孢子），霉层常从中央向外扩展，叶片老化后霉层变为浅灰褐色。霉层下的叶片组织初呈

柑橘白粉病病叶

水渍状，较正常叶色略深暗，以后逐渐形成黄斑。严重时叶片全部或大部分布满霉层，使较嫩的叶片枯萎，较老的叶片则扭曲畸形，并可由叶片扩大到新梢发病。新梢、幼果发病初期与叶片上相似，但不表现明显黄斑。霉层迅速扩展后新梢、幼果大部分或全部覆盖白粉状菌丝层，叶片干缩贴在枝梢上，严重时新梢枯死。

【病原】

柑橘白粉病的病原菌为一种顶孢菌 *Acrosporum tingitaninum* Carter，属于丝孢纲丝孢目丝孢科顶孢属。菌丝直径为 4.5~6.7 微米，附着胞圆形。

【发病规律】

病菌可以菌丝体在病部越冬，翌年4~5月春梢抽长期产生分生孢子，由风雨传播，在雨滴中萌发侵染，继而重复侵染，为害夏梢和秋梢。多雨高温易发病。

【防治方法】

1. 剪除病枝叶 冬季结合修剪剪除病枝、病叶。发病初期及时剪除病梢、病叶和病果，尤其应剪除病枝、徒长枝，集中处理，减少侵染源。

2. 喷药保护 休眠期修剪后，喷1波美度石硫合剂1次。春梢抽发期或在发病初期，选喷0.5波美度石硫合剂，50%硫黄悬浮剂400倍液，50%甲基硫菌灵可湿性粉剂1 000倍液，12.5%烯唑醇可湿性粉剂1 500~3 000倍液，12.5%氟环唑悬浮剂1 000~1 250倍液，40%氟硅唑乳油6 000~8 000倍液等1~2次。

二三　柑橘赤衣病

　　柑橘赤衣病主要为害枝干，也可为害叶片和果实。在我国浙江、江西、台湾、四川、广西、贵州、广东、云南等省（区）均有分布，在热带高温地区发生较严重。近年来，在部分柑橘产区暴发流行，造成枝叶干枯，落叶，落果，树势衰弱，甚至整株枯死，严重制约柑橘生产的健康发展。

【症状】

　　柑橘赤衣病主要为害枝条或主枝，发病初期仅有少量树脂渗出，之后干枯龟裂，其上着生白色蛛网状菌丝，湿度大时，菌丝沿树干向上下蔓延，围绕整个枝干，病部转为淡红色，病部以上枝叶变黄，凋萎脱落。

柑橘赤衣病为害枝条叶片　　　　　柑橘赤衣病为害枝叶

【病原】

病原菌为鲑色伏革菌 *Corticum salmonicolor* Berkeley et Broome，属真菌界担子菌门真菌。子实体系蔷薇色薄膜，生在树皮上。

【发病规律】

病菌以菌丝或白色菌丛在病部越冬，翌年柑橘树萌动菌丝开始扩展，并在病疤边缘或枝干向阳面产出红色菌丝，孢子成熟后，借风雨传播，经伤口侵入，引起发病。担孢子在橘园存活时间较长，但在侵染中作用尚未明确。

本病在温暖、潮湿的季节发生较烈，尤其多雨的夏、秋季遇高温，枝叶茂密的植株发病重。

【防治方法】

1.人工防治　冬季彻底清园，剪除病枝，带至园外集中处理，减少病源。春季柑橘树萌芽时，用8%~10%的石灰水涂刷树干。在夏、秋雨季来临前，修剪枝条或徒长枝，使通风良好，减少发病。搞好雨季清沟排水，降低地下水位，以防止柑橘树根系受渍害，并降低橘园湿度。

2.合理施肥　改重施冬肥为巧施春肥，早施、重施促梢壮果肥，补施处暑肥，适施采果越冬肥。

3.及时检查树干　发现病斑马上刮除后，涂抹10%硫酸亚铁溶液保护伤口。每年从4月上旬开始，抢在发病前喷施保护剂。一定要将药液均匀地喷洒到橘树中下部内膛的树干、枝条背阴面，每周1次，连续施药3~4次。

4.药剂防治　可选用15%氯溴异氰尿酸水剂800倍液，30%氧氯化铜悬浮剂1 000倍液，14%络氨铜水剂500倍液，77%氢氧化铜可湿性粉剂800倍液，50%苯菌灵可湿性粉剂1 500倍液，50%甲基硫菌素·硫黄悬浮剂600倍液，对轻度感病枝干，可刮去病部，涂石硫合剂原液，并在干后再涂抹石蜡。

二四 柑橘溃疡病

柑橘溃疡病是对柑橘生产威胁极大的一种细菌性病害。世界上柑橘生产国几乎都有或曾有分布，为害着全球 1/3 的橘园，其中以亚洲各国发生最普遍。柑橘溃疡病在我国分布于四川、云南、贵州、广西、广东、安徽、湖南、湖北、江西、浙江、福建、海南、上海及台湾等省（区、市）。此病寄主多达数十个芸香科植物品种，传播途径广，传染迅速，为害严重，顽固难防，是中国等 30多个国家和地区的法定植物检疫对象，禁止输入或输出。

【症状】

由于寄主品种不同，柑橘溃疡病发生在叶片、枝梢和果实上的症状有一定差异。

1. **叶片症状**　叶部受害初期，在一面出现微点状黄色或暗黄色油浸状褪绿斑点，后渐扩大穿透叶肉，在叶两面不断隆起，成为近圆形木栓化的灰褐色病斑。病斑中部凹陷，裂似火山口状，周围有黄色晕环，少数品种在晕环外有一圈褐色釉光边缘。一般情况下发生在甜橙和柚上的病斑多且大，而在枳壳和橘上的病斑较小。病斑大小为 2~9 毫米，常彼此融合成不规则的大型病斑。

2. **枝梢症状**　枝梢上的病斑比叶上病斑更为凸起，木栓程度更重，呈圆形、椭圆形或聚合成不规则形，病部多数环侵枝茎。病斑色状与叶部类似。

3. **果实症状**　果上病斑中部凹陷龟裂和木栓化程度比叶部更显著，病斑一般大小为 5~12 毫米。初期病斑呈油泡状半透明凸起，浓黄色，其顶部略皱缩。切片观察可见中果皮细胞膨大，外果皮破裂，病健组织间一般无离层，病组织内可发现细菌。在品种间，症状的差异有病斑隆起或平陷、大小以及斑周釉光边缘的隐显和宽狭不同等区别。

　　叶片和果实感染溃疡病后，常引起大量落叶落果，对鲜果品质和产量影响很大。在一些果园，夏、秋梢病叶脱落后留下秃枝，导致了树势的衰弱。

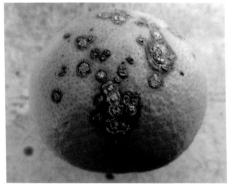

柑橘溃疡病冰糖橙病果后期病斑（1）

柑橘溃疡病冰糖橙病果后期
病斑（2）　　　　　柑橘溃疡病新梢病斑

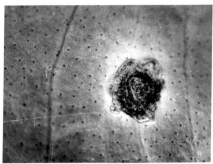

柑橘溃疡病叶片病斑

柑橘溃疡病叶背病斑　　　　　　　　柑橘溃疡病叶面初期病斑

【病原】

本病病原菌为地毯草黄单胞菌柑橘致病型 *Xanthomonas axonopodis* pv. *citri* Vauterin et al.，属细菌黄单胞菌属。柑橘树溃疡病菌如不与病组织结合，仅能存活 2~8 周；病叶组织中的致病菌在干燥的土表可存活 90~120 天，浅埋土中可存活 85~90 天，深埋于土中 10~20 厘米处能存活 8~24 天。

【发病规律】

病菌主要潜伏在病叶、病梢和病果的病斑组织中越冬，秋梢上的病斑是越冬的主要场所，成为翌年发病的主要初侵染源。当春季温度适宜且多雨时，病菌从病斑中溢出，由风雨、昆虫、枝叶接触和人工操作等途径传播到幼嫩组织上，有水膜层时仅需 20 分钟，细菌即可从气孔、皮孔或伤口侵入。温度较高时病菌在受侵染的组织中迅速繁殖，并充满细胞间隙，刺激细胞增大，使组织膨胀破裂，膨大的细胞木栓化后不久即死亡，形成病斑，完成初次侵染。

潜育期的长短取决于温度、柑橘种类和组织老熟程度，以温度的影响最大，与侵染部位亦有关系，从叶背侵入比从叶面侵入的潜育期短。潜育期在春梢叶片上时，湖南为 13~28 天，广西为 12~25 天；在夏梢叶片上时，湖南、四川为 6~10 天，广东为 3~10 天；在果实上时，广西为 7~25 天。高温多雨季节，可连续不断发生多次再侵染。有些温州蜜柑秋梢被侵染后到冬季尚未表现症状，病菌潜存于组织中，翌年春季才发展蔓延，成为病害流行的主要初侵染源，在检疫和采取接穗时须加注意。

病害的远距离传播主要通过带菌苗木、接穗和果实。种子如不沾染病菌，一般是不带病的。有时苗木带的土壤也有传病的可能，但不是主要来源。

高温多湿与易感病的幼嫩组织相结合是病害流行的基本条件。柑橘不同种类感病差异性很大，甜橙类最易感病，柚、柠檬、枳次之。

【防治方法】

1. 检疫控制　引进或调出种子、苗木、砧木、接穗等繁殖材料和易感病品种的果实时，要严格进行检疫检验。加强产地检疫，建立无病苗圃。苗木出圃前要经过全面检疫检查，确认无发病苗木后，才允许出圃种植或销售。这些严格的检疫措施对于防范柑橘溃疡病起着非常重要的作用。

2. 根除病株　大面积根除病株，多被法制健全、执法严厉、经济发达、柑橘产业在国民经济收入中占比重较大的国家或地区采用。

3.**农业防治**　实施栽培管理控病。

（1）肥水管理：不合理的施肥会扰乱树体的营养生长，会使抽梢时期、次数、数量及老熟速度等不一致。一般多施氮肥的情况下会促进病害的发生，如在夏至前后施用大量速效性氮肥易促发大量夏梢，从而加重发病，故要控制氮肥施用量，增施钾肥。同时，要及时排除果园的积水，保持果园通风透光，降低湿度。

（2）抹除早秋梢，适时放梢：夏梢抽发时期正值高温多雨、多热带风暴或台风的季风，温湿度对柑橘溃疡病的发生较为有利，同时也是潜叶蛾为害比较严重的时期，及时抹除夏梢和部分早秋梢，有助于降低病原菌侵入的概率，溃疡病的发病程度能显著降低，待7月底或8月统一放梢后，及时连续喷几次化学农药，即可达到较好的效果。在抹梢时，要注意选择晴天或露水干后进行操作。

（3）果园布局和冬季清园：采收后的果园，应剪除病枝、枯枝、病叶，清扫落叶、病果、残枝，集中销毁，并喷石硫合剂进行全园消毒，以减少翌年的菌源。果园周围培植防风林，可阻止病菌随风雨传播扩散。同时结合冬季清园，用蜕叶剂落叶处理，修剪控梢，去除病枝。在幼苗方面，移栽假植前，应先行修剪，然后以药剂或温汤消毒。

4.**选用抗病品种**　可选用金柑、四季橘等抗病品种和柑类、红橘类中抗品种，目前急需培育理想的抗病新品种。宽皮橘类柑橘不易患溃疡病，或感病较轻。目前高抗的优良品种很多，如温州蜜橘系列的"山下红""崎久保""日南1号""南柑20号"，杂柑系列的南香，椪柑系列的太田椪柑、无核椪柑。

5. 药剂防治 在春、夏、秋三次嫩梢抽发生长期，每间隔7~10天喷1次化学药剂保护。常用的农药有20%噻菌铜悬浮剂600倍液、70%氢氧化铜可湿性粉剂600倍液、20%噻唑锌悬浮剂400倍液、56%氧化亚铜悬浮剂500倍液、12%松脂酸铜乳油500倍液、4%春雷霉素可湿性粉剂800倍液、30%碱式硫酸铜悬浮剂400倍液。有效药剂还有春雷·喹啉铜、硫酸铜钙、波尔多液、王铜、乙酸铜、琥胶肥酸铜、喹啉铜、络氨铜、枯草芽孢杆菌等，按使用说明交替轮换喷药，能有效减轻为害。

6. 改种其他作物 发生柑橘溃疡病的地区，结合农业结构调整，改种经济效益高的花椒、香桂等其他经济作物，对于柑橘溃疡病的为害也会起到良好的控制作用。

二五　柑橘黄龙病

　　柑橘黄龙病又名黄梢病。广东潮汕方言把梢称作"龙"，黄梢即为"黄龙"，故得此病名。目前，除地中海盆地、西亚、澳大利亚外，黄龙病已出现在亚洲、非洲、大洋洲、南美洲和北美洲的近 50 个国家和地区。随着全球气候变暖，黄龙病的媒介昆虫分布区域逐步扩大，同时种质资源的频繁调运，致使黄龙病为害日趋严重。该病在印度称为衰弱病，在菲律宾称为叶斑驳病，在我国称为黄龙病或黄梢病、立枯病（台湾）。

　　在我国，该病在 20 世纪 30 年代后期，首先在广东潮汕柑橘产区发生流行。现在主要发生于广东、广西和福建，四川、云南、贵州、湖南、江西、浙江、台湾等省的局部地区也有发生。发病幼树一般在 1~2 年死亡，老龄树则在 3~5 年枯死或丧失结果能力。病害大流行时，往往大片橘园在几年之内全部毁灭，成为当前华南地区发展柑橘生产的最大障碍，也给邻近地区的柑橘生产带来严重威胁。近年来，受南方地区冬季气温偏高、传毒木虱积累增加等多种因素影响，该病害呈加速蔓延、加重发生态势。

【症状】

　　全年可发病，但以夏、秋梢发病最多，其次是春梢，幼树冬梢有时也会发病。初发病时树冠上少数新梢的叶片黄化，形成明显黄梢。

　　叶片是识别黄龙病的主要依据。发病初期在绿色的树冠上出现一条或几条梢黄，俗称"鸡头黄"或"插金花"，以后黄梢数

量不断增多直至整株黄化
枯死。一般为春梢在转绿
后再表现黄化，夏、秋梢
在转绿过程中出现黄化。

　　黄化叶片有 3 种：一
是均匀黄化叶片，多出现
在初期病树、幼树和夏秋
梢发病树上，叶片呈均匀
的浅黄绿色；二是斑驳型

柑橘黄龙病病果

黄化叶片，在春、夏、秋梢病枝上均有，无论是初期病树或是中、
晚期病树上都可看到，即从叶脉附近、叶片基部或边缘开始黄化，
后扩散形成黄绿相间的不均匀斑；三是缺素型黄化叶片，称为花
叶，在主、侧脉附近的叶肉保持绿色，而脉间的叶肉褪绿呈黄色，
类似缺锌、缺锰、缺铁时出现的症状，这类叶片一般出现在中、
晚期病树上，往往在有均匀黄化叶或斑驳黄化叶的枝条上抽发的
新梢叶片呈缺素状。3 种病叶中，斑驳型黄化叶在各种梢期和早、
中、晚期病树上均可找到，最具特征性，所以常作为田间诊断黄
龙病的主要依据。

　　黄龙病病枝症状还有以下特征：叶片无光泽，落叶枯枝，病
树树冠稀疏，植株矮小，枝条短弱，叶片小、叶质较硬而直立；
春季比健树早萌芽显蕾，开花早花量大，落花严重，落果多；病
树果实小，有的表现畸形，果内中心柱弯曲。椪柑的果肩稍凸起，
成熟时颜色暗红色，而其余部位的果皮颜色为青绿色，称为"红
鼻果"。有的病果种子退化。初期病树根部正常，后期病树须根
表现腐烂。

柑橘黄龙病病树

柑橘黄龙病发病初期

柑橘黄龙病果园发病状

柑橘黄龙病黄化型病叶

椪柑黄龙病斑驳叶

椪柑黄龙病病株

甜橙幼树黄龙病斑驳叶　　　　　柑橘黄龙病即将枯死的病树

【病原】

过去曾认为柑橘黄龙病病菌是类菌原体或类立克次体，但 Garnier et al.（1984）发现黄龙病病原的膜结构外壁和内壁间存在肽聚糖，与革兰氏阴性细菌的细胞壁结构相似，认为黄龙病的病原是一种革兰氏阴性细菌。病原属暂定的韧皮部杆菌属 *Candidatus liberibacter*，有亚洲种 *Candidatus liberibacter asiaticus*、非洲种 *Candidatus liberibacter africanus* 和美洲种 *Candidatus liberibacter americanus* 3 个种。我国的柑橘黄龙病菌属于亚洲韧皮部杆菌属细菌，在电镜下看到其形态多为椭圆形或短杆状，大小为（30~600）纳米 ×（500~1 400）纳米，细胞壁厚 25~30 纳米，革兰氏染色阴性。

病原物可通过嫁接和木虱传染，汁液摩擦和土壤均不传染，种子能否传染还不明确。病原抗热力较差，病接穗或病苗用 49 ℃的湿热空气处理 50~60 分钟便可恢复健康。园间中午的气温经常在 40 ℃以上，也可使症状暂时消失，表现为隐症现象，但当气温降低后，经过一段时间又可重现症状。寄主为柑橘属、金柑属和枳属植物。

【发病规律】

黄龙病的初侵染来源，在病区主要是病树，在新区主要是带病苗木。远距离传播主要是带病苗木和接穗的调运，园内近距离传播则由木虱辗转传播，以在 100~200 米的近距离较易传播，1 千米以上的远距离或有树林阻隔便很难传播。病原物在木虱体内的循回期是 1 个月左右，短的只有 1~2 天；在柑橘内的潜育期为 1~8 个月，长的 4~5 年。橘园一旦发病，3~4 年的发病率可高达 70%~100%。

1. 寄主感病性　柑橘黄龙病病菌主要为害柑橘属 *Citrus* spp.、枳属 *Poncirus* 和金柑属 *Fortunella* spp. 植物，其中宽皮橘类、橙类最为敏感，柚类次之，枳及其杂种较为耐病，尚未发现抗病柑橘品种。各种树龄柑橘树均能感病，其中 6 年生以下的幼树最为敏感，主要由于幼树抽梢多，有利于柑橘木虱繁殖，同时树冠小，病菌在树体内运转也较快。

2. 侵染源和传播介体　病树或病苗的存在及其数量的多少是黄龙病流行与否的首要因素。一般果园病株率超过 10%，如果传病木虱数量较大，病害将严重发生，并在 2~3 年蔓延至整个果园。因为病树抽梢无规律，抽梢次数多于健树，木虱在其上发生代数较多，病害发展较快。

3. 生态条件及田间管理　木虱若虫生活适温为 20~30 ℃，适宜相对湿度为 43%~75%，雌成虫产卵量与日照强度和时间呈正相关。春季为抽梢、开花和结果的定式季节，具备提供稳定食源与繁殖气候的双重有利因素，故春旱气候有助于木虱种群建立。极端高温和极端低温对木虱种群不利，而零下温度对控制木虱春季种群数量有重要作用。暴雨的冲刷能显著降低木虱虫口密度。肥、水好及抽梢期管理好的果园嫩梢老熟速度快，且抽梢一致，木虱取食机会减少，病害发展速度延缓。

【防治方法】

重点推广"采用健康种苗、统防统治传毒木虱、铲除染病植株、强化检疫监管"等柑橘黄龙病综合防控技术模式,走综合施策、标本兼治、持续治理之路。

1. 实行严格检疫制度 严禁病区的苗木和接穗调运进无病区和新区。

2. 建立无病苗圃、培育无病苗木 苗圃地的选择应与种植柑橘园区有一定的距离。有条件的地区应尽量远离柑橘园区。种果应尽量从远离病树园区的正常的树上采集。接穗最好在远离病区10年生以上的丰产优质无病树上采集,或到无病区选取。

3. 隔离病园 新柑橘园的建立应与病、老柑橘园尽量隔离,以免媒介昆虫柑橘木虱的传病。对已经感病严重的老果园进行整片挖除,全面改造;挖除后清理残根,以免萌发新苗;或种植一次别的作物,再行种柑橘。整片改造病、老园区,有利新植柑橘的生长,减少病源和消灭柑橘木虱。

4. 彻底防治柑橘木虱 这是防止病害流行的重要环节,可参考柑橘木虱防治方法。针对一家一户分散防治、打药时间不一致,致使木虱来回迁移传毒防治效果差的问题,通过培育种植大户、农民合作社、专业服务组织等新型农业经营主体,发展适度规模经营和标准化生产,大规模开展木虱和其他病虫的统防统治,提高防治效果、效率和效益,有效切断病害传播途径,遏制病害暴发流行。

5. 加强肥水管理,提高植株的抗病能力 对幼龄树,在生长季节的4~8月,每月施一次稀薄水肥,年施肥4~6次。对结果树,每年要施好萌芽肥、稳果肥、壮果肥和采果肥。同时要科学地进行水分管理,要保证水分及时、充分供应。

二六　　柑橘裂皮病

柑橘裂皮病又称剥皮病、蜕皮病，是世界性病毒类病害之一，美国、日本、地中海区域、南美洲等有分布。我国四川、湖南、湖北、广西、广东、江西、浙江、福建和台湾的一些地区均有发生，以四川和湖南较为严重。本病主要为害从国外引进的品种，其中受害重的有多种脐橙、脐血橙、血橙、甜橙、古巴花叶橙、柳叶橙、尤力克柠檬和克力迈丁红橘等；一些国内品种或种类如新会橙、锦橙、暗柳橙、改良橙、靖县血橙、椪柑、南丰蜜橘和枳等在园间亦表现较明显症状。

【症状】

本病特有症状是病树砧木树皮纵向裂开。枳砧甜橙在定植2~8年后开始发病，砧木部分树皮纵向开裂和翘起，最后呈鳞皮状剥落，木质部外露呈暗褐色或黑色，有的还流胶。裂皮可蔓延到根部，但通常只限于砧木，在砧穗接合处有明显而整齐的分界线。病树树冠矮化，新梢少而纤细，叶片少而小，多为畸形，有的叶脉附近绿色，叶肉黄化，类似缺锌症状，部分小枝枯死。植株若受病原物的弱毒系侵染，只表现树冠矮化，不表现裂皮或无明显的裂皮症状；或只表现裂

柑橘裂皮病病叶（左为病叶，右为健康叶）

皮，树冠并不显著矮化。病树进入结果期早，开花多，但多畸形花和落花、落果严重，枯枝增多，可导致全株枯死。

枳砧尤力克柠檬裂皮病

【病原】

病原菌为柑橘裂皮类病毒 Citrus exocortis viroid ，CEVd，环状单链结构的核糖核酸，无蛋白质衣壳。对热和紫外线极为稳定，其钝化温度约为 140 ℃处理 10 分钟，在 110 ℃处理 10~15 分钟不丧失侵染力，病接穗在 50 ℃热水中浸 10 小时亦不失去侵染力，被病汁液污染的嫁接刀和枝剪，在室内保持 4 个月甚至 1 年仍具有传染力。

寄主植物很多，有芸香科、菊科、茄科、葫芦科等 6 科 50 多种植物，均表现为全株性感染，但以隐症感染为多。

柑橘裂皮类病毒侵染伊特洛（Etrog）香橼、番茄和爪哇三七草，往往表现为新叶向下卷曲，植株显著矮化等易见症状，被用作鉴定裂皮病的指示植物。

【发病规律】

本病的侵染源为园间病株和隐症带毒株。除通过苗木和接穗嫁接传播外，还可由受病植株汁液污染的刀、剪等工具与健株韧皮部组织接触传染。菟丝子也能传播。尚未发现昆虫和土壤传染。枳、枳橙、兰普来檬、香橼，以及这些种类作砧木的甜橙，感病后均表现明显症状；而宽皮柑橘类、甜橙、酸橙、柠檬等感病后不显现症状，成为带毒植株。

【防治方法】

1. **严格检疫**　严禁从病区调运苗木和剪取接穗，防止裂皮病传入无病区。

2. **培育无病苗木**　采用指示植物或生化鉴定方法，选择无毒母本，采取无毒接穗，培育无病苗木。对已感病而其他性状确属优良的品种、品系，可采用茎尖嫁接脱毒方法获得无毒良种母株，建立无毒采穗圃或母本园，实行无毒品种改良；或从无异常症状的10年生以上枳砧成年树嫁接口处采取接穗，培育无病苗木。

3. **工具消毒**　用于病树的嫁接、接剪等工具，在操作前后均须用5%~20%漂白粉液或25%甲醛加2%~5%氢氧化钠混合液消毒1~2秒。并注意人手接触传播。

4. **挖除病株**　及时挖除症状明显、生长衰弱和已无经济价值的病树。为了减轻损失，可促发自生根、桥接换砧或用压条法繁殖苗木。

二七 柑橘根结线虫病

柑橘根结线虫病主要发生在广东、福建等华南柑橘产区，湖南、四川、贵州、浙江柑橘产区也有发生。

【症状】

病原线虫在柑橘树的根毛与中柱之间寄生为害，使幼嫩根组织过度生长，形成大小不等的根瘤，多数如绿豆大小，根毛稀少。新生根瘤一般乳白色，后逐渐变为黄褐色乃至黑褐色。以细根和小支根受害最重，有时主根和较粗大的侧根也可受害，细根受害在根尖上形成根瘤，小支根受害除产生根瘤外，还引起肿胀、扭曲、短缩等症状，较粗大的侧

柑橘根结线虫病叶片发黄病树衰退

柑橘根结线虫病

柑橘根结线虫病病树叶片黄化

根和主根受害只产生根瘤，一般不会变形扭曲。受害严重时，可出现次生根瘤，并发生大量小根，使根系交互盘结成团，形成须根团，最后老根瘤腐烂，病根坏死。

病株地上部分，在一般发病情况下无明显症状，随着根系受害加重，才出现梢短梢弱、叶片变小、长势衰退等症状。受害严重的成年树，叶片黄化无光泽，叶缘卷曲，呈缺水干旱状，或表现为缺素症花叶状，或开花多，结果少，坐果率低，最后甚至造成早期落叶、落花、落果。苗期发病，叶色淡绿，新梢纤弱，长势不好，严重时叶片脱落，或整株枯死。

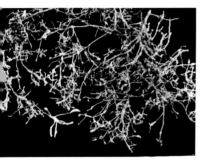

柑橘根结线虫病为害根系

【病原】

寄生为害柑橘的根结线虫有5种： 柑橘根结线虫*Meloidogyne citri* Zhang & Gao & Weng，1990、闽南根结线虫*Meloidogyne mingnanica* Zhang，1993、花生根结线虫*Meloidogyne arenaria* Chitwood，1949、苹果根结线虫 *Meloidogyne mali* Itoh Ohshima & Ichinohe，1969、短小根结线虫 *Meloidogyne exigua* Chitwood，1949。

【发病规律】

根结线虫以卵及雌虫随病根在土壤中越冬。2龄侵染幼虫先活动于土壤中，侵入柑橘嫩根后在根皮和中柱之间寄生为害，并刺激根组织过度生长，使根尖形成不规则的根瘤。幼虫在根瘤内生长发育，经 3 次蜕皮发育为成虫。雌、雄虫成熟后交尾产卵于卵囊内。在广东 5~6 月完成上述循环共需 47~49 天，1 年可发生多代，能够进行多次重复侵染。

【防治方法】

1.**严格实行检疫**　购买苗木应加强检疫，严禁在已受根结线虫病为害的病区购买有可能感染了线虫的苗木。对无病区应加强保护，严防病区的土、肥、水和耕作工具等易带线虫物传带至无病区。

2.**选育抗病砧木**　选育能抗柑橘根结线虫病的砧木，是目前解决在有病区发展柑橘种植问题较有效的办法。根据当地栽培条件，通过对多种适宜的砧木进行试验，培育和筛选出抗柑橘根结线虫病强的砧木。广东杨桥镇的一柑橘场通过对柑橘根结线虫病砧木试验，筛选出抗柑橘根结线虫病的砧木，而红木黎檬、酸橘类砧木是严重易感病的砧木。

3.**剪除受害根群**　在冬季结合松土晒根，抑制土壤水分，促进花芽分化措施，在病株树盘下深挖根系附近土壤，挖出受根结线虫病为害的根系，将被根结线虫病为害的有根瘤、根结的须根团剪除掉，保留无根瘤、根结的健壮根和水平根及较粗大的根。挖土时应小心，切莫乱锄乱挖，尽量不要损伤主、侧根的皮层，只对受害的根进行剪除，健康根每一小条都要保留。挖土以树冠滴水线下深、靠近树基干处逐渐浅为原则，覆土最好不要用原挖土，撒施石灰，撒施石灰量按所需穴土量的 1 %~ 2 %为宜。剪除的病根应及时清除出果园，并集中销毁。

4.**加强肥水管理**　对病树增施有机肥，每株 15~25 千克，并将有机肥和穴土按 1 ∶ 1 比例进行培土肥，在冬季挖土剪除病根时进行为宜，最好在大寒时进行。同时，在 6 月扩穴改土时，再深施有机肥 1 次，灌水按常规栽培管理规程进行，并加强其他肥水管理措施，以增强树势，达到减轻本病为害程度的目的。

5. **药物防治**　在挖土剪除病根时覆土均匀混施药剂；或在树冠滴水线下挖深15厘米、宽30厘米的环形沟，灌水后施药（最好结合施用不会与药剂发生化学反应的肥料混合同施）并覆土；或在树盘内每隔20~30厘米处开一穴，将药剂注入或放在15~20厘米的深处，施药后及时覆土并灌水；还可用1.8%阿维菌素乳油3 000倍液或2%甲氨基阿维菌素微乳剂4 000倍液加甲壳素灌根，可以有效地防治本病，具体方法为在树冠滴水线处灌入药剂，每隔约20天用药1次，连续用药2~3次。

二八　柑橘缺铁叶片黄化症

碳酸钙或其他碳酸盐含量过多的碱性土壤，铁元素被固定，难溶，容易出现缺铁。柑橘缺铁现象一般不常见，其最大特点是叶片失绿黄化，与严重氮缺乏症状相似，但程度强得多。

【症状】

本病多从幼树新叶开始发病，叶脉保持绿色而脉间组织发黄，后期黄叶上呈现明显绿色网纹。严重者，除主脉近叶柄部绿色外，其余部分褪绿呈黄白色，叶面失去光泽，叶缘褐色，提前脱落留下光秃枝。但此时，同树的老叶仍保持绿色，形成黄绿相映的鲜明对照。

柑橘树缺铁叶片黄化，叶脉残留绿色

【病因】

分析测定病叶组织中全铁含量难以得出正确结论，因为所含铁多数由于沉积而失效。同样，测定土壤中全铁和游离态铁也不能了解土壤供铁能力。但测定土壤中 $CaCO_3$ 的含量和 pH 值，是可以了解土壤供铁情况的，因为土壤中有效铁含量与叶组织中活性铁的含量有很好的相关性。两者相关分析表明，正常叶片活性铁含量在 0.004% 以上，而患病叶片中铁含量则明显低于此数值。

【发病规律】

春梢缺铁叶片失绿黄化现象较轻、较少，秋梢、晚秋梢叶片黄化较严重。随着病叶的提前脱落，相继发生枯梢。柑橘缺铁症状明显，叶色黄绿之间反差大，易从形态症状上加以识别。但生长在碱性和石灰性土壤上的柑橘树，叶片发生黄化症状的不单是缺铁症，还有可能伴随缺锰、缺锌。

【防治方法】

当 pH 值达 8.5 时，植株常表现缺铁症，故增施有机肥、种植绿肥等是解决土壤缺铁的根本措施；发病初期，用 0.2% 柠檬酸铁或硫酸亚铁溶液可防止缺铁症状的发生。

二九　柑橘缺镁症

【症状】

本病初表现为植株叶片黄化，叶基部的绿色区呈倒"V"字形，结果越多的植株黄化越严重，之后主脉和侧脉会出现像缺硼一样的肿大和木栓化，整个叶片可能变成古铜色，叶片提早脱落，严重影响了柑橘的产量和品质。

柑橘缺镁症病叶

【病因】

橘园土壤属丘陵红壤，pH 值 4.4，酸性较强，从而增加了镁的淋溶损失。土壤含钾量过高，据测定，老叶片含钾量高达 2.03%，钾过多对镁有拮抗作用而引起缺镁。

【发病规律】

镁是植物的必需元素之一，在叶绿素的合成和光合作用中起重要作用。镁还与蛋白质的合成有关，并可以活化植物体内促进反应的酶。缺镁时，植株的叶绿素含量会下降，并出现失绿症。特点是首先从下部叶片开始，往往是叶肉变黄而叶脉仍保持绿色。严重缺镁时可引起叶片的早衰与脱落，甚至整个叶片都会出现坏死现象。

【防治方法】

1. **土壤补镁**　在南方红黄壤地区，土壤 pH 值多为 4.5~6，一般可施用氧化镁、含镁石灰、钙镁磷肥等含镁肥料，补充土壤中的镁元素。这些含镁肥料作用效果较慢，宜作基肥与腐熟的猪牛粪、饼肥等有机肥混合沟施在树冠滴水线附近，主要用于缺镁症的预防或轻度发病的果园。亩施用量为氧化镁 20~30 千克，含镁石灰或钙镁磷肥 50~60 千克。

2.**叶面喷镁**　在春梢叶片展开后每隔 10~15 天，用 1% 的硝酸镁或硫酸镁溶液喷施叶面 1 次，连喷 3~5 次，进行叶面施肥。缺镁症减轻后，每年要增施有机肥，施用缓效与速效镁肥，以保证镁元素的均匀供应，才能得到较彻底的矫治。

第二部分　柑橘害虫

一　柑橘小实蝇

　　柑橘小实蝇 *Bactrocera dorsalis* Hendel 又名橘小实蝇、东方果实蝇，俗称黄苍蝇、果蛆，属双翅目果蝇科。

【分布与寄主】

　　国内分布于湖南、福建、广东、广西、四川、台湾，国外在印度、斯里兰卡、印度尼西亚、泰国、老挝、菲律宾、摩洛哥、夏威夷群岛、澳大利亚有分布。为害柑橘、甜橙、枸橼、金橘、柚、橄榄、枇杷、洋桃、桃、李、木瓜、石榴、香蕉、无花果、辣椒等。

【为害状】

　　幼虫为害果实，潜居果瓤中食害，使果实腐烂，造成落果。被产卵的果实均有针头大小的产卵孔存在，但由于果实种类和为害时期的不同，所

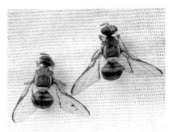

柑橘小实蝇成虫

柑橘小实蝇为害果实

表现的症状也有差别。在椪柑上，初产卵时呈针状小孔，卵孵后呈灰色或灰褐色的斑点，内部多少带有腐烂。在卵尚未孵化时即已收获的柑橘果实，产卵孔常呈褐色、黄褐色或灰褐色的小斑点，或呈灰褐色、黄褐色的圆纹。

柑橘小实蝇幼虫为害果实

柑橘小实蝇幼虫

【形态特征】

1. 成虫　体长6.55~7.5毫米，翅展约16毫米，体形小，深黑色。复眼间黄色，复眼的下方各有1个圆形大黑斑，排列成三角形；胸背面黑褐色，具2条黄色纵纹，上生黑色或黄色短毛，前胸肩胛鲜黄色，中胸背板黑色，较宽，两侧有黄色纵带；小盾片黄色，与上述2条黄色纵带连成"V"字形；腹部由5节组成，赤黄色，有"丁"字形的黑纹。

2. 卵　梭形，长约1毫米，宽约0.1毫米，乳白色，一端较细而尖，另一端略钝。

3. 幼虫　体长10毫米，黄白色，圆锥形，前端细小，后端圆大，由大小不等的11节体节组成。口器黑色。

4. 蛹　椭圆形，长5毫米，淡黄色，蛹体上残留有由幼虫前气门突起而成的暗点。

【发生规律】

在我国南方各省（区）每年发生 3~5 代，无严格的冬眠，在有明显冬季的地区，以蛹越冬。生活史不整齐，同一时期内可见各个虫态。成虫羽化出土从早上开始至中午前止，以 8 时前后出土居多。成虫羽化后须经性成熟阶段方能交尾产卵。成虫产卵前期随季节而不同。夏季经 20 天，秋季经 25~60 天，冬季经 3~4 个月。成虫产卵时，以产卵器刺破果皮将卵产在果肉中。

每次产卵 2~15 粒，卵期在夏季约 1 天，春、秋季 2~3 天，冬季 3~10 天，一个果内的幼虫一般为 10 头左右。幼虫孵出后群集果瓤为害，幼虫期 6~20 天，在夏季（平均温度 25~30 ℃）为 7~9 天，春、秋季（平均温度 20~25 ℃）为 10~12 天。幼虫群集果实中取食瓤瓣中的汁液，致使沙瓤被穿破干瘪收缩而成灰褐色，被害果外表色泽犹鲜，但内部已空虚，故被害果常未熟先落，造成严重落果。若果内幼虫不多，果实可暂不坠落，也有少数终不坠落的。幼虫成熟后能跳 7.0~10.2 厘米远，老熟幼虫钻出果皮，落到土面，然后入土化蛹。入土深度随土质而异，在沙质松土中较深，黏土中较浅，一般在表土 3 厘米左右。蛹期在夏季为 8~9 天，春、秋季为 10~14 天，冬季为 15~20 天，有的地区蛹期长达 64 天，柑橘小实蝇以幼虫随被害果而远距离传播。

【防治方法】

1. **严格检疫**　该虫为我国对内、对外植物病虫检疫对象之一，以防止幼虫随被害果实转运传播。

2. **人工防治**　摘除蛆柑、捡拾落果，集中深埋或沤肥，防止幼虫入土化蛹。

3. **诱杀成虫**

（1）0.02% 多杀霉素饵剂有效成分用药量 0.26~0.37 克 / 公顷，

点喷投饵；0.1% 阿维菌素浓饵剂有效成分用药量 2.7~4.05 克 / 公顷，诱杀；或用酵素蛋白 0.5 千克 +25% 马拉硫磷可湿性粉剂 1 千克，对水 30~40 千克，配成诱剂于产卵前诱杀成虫；或用 97% 丁香酚浸甘蔗纤维块悬挂诱杀雄蝇。成虫发生盛期用 50% 敌百虫晶体 1 000 倍液或 80% 敌敌畏乳油 1 500 倍液，加入 30% 红糖喷洒树冠，诱杀成虫，连喷 3~4 次。

（2）实蝇性诱剂粘板是利用实蝇对信息素和黄色产生反应而杀虫的，故无抗性产生。绿色环保、不污染环境，是绿色农业的首选产品。从温度升高时开始用，幼果期至采收期，每亩悬挂 24 厘米 ×30 厘米实蝇性诱剂粘板 10~20 张，可移动。

（3）性诱防治，用 98% 诱蝇醚诱杀成虫，每亩挂诱捕器 3~5 个，高度 1.5 米，用药量第 1 次 2 毫升，以后每隔 10~15 天加药 1 次。

4. 冬耕灭蛹　冬季将橘园深翻耕，可增加蛹伤亡。

5. 药物防治

（1）土壤杀虫处理：杀虫重点应放在受害严重的果树树冠下的土表层。一般 5~8 月为柑橘小实蝇成虫的羽化高峰期，用 50% 马拉硫磷乳油 1 000 倍液或 50% 辛硫磷乳油 800~1 000 倍液喷洒果园地面，每 7 天喷 1 次，连续喷杀 2~3 次，杀灭入土化蛹的老熟幼虫和出土羽化的成虫。

（2）喷剂喷杀处理：在成虫发生高峰期内，用 90% 敌百虫 800 倍液或 80% 敌敌畏乳油 800~1 000 倍液对树冠和果园周围的杂草进行喷雾杀灭成虫，喷杀时间为上午 10~11 时或下午 4~6 时。山坡种植的柑橘，下午 4~6 时喷杀效果更佳。

6. 果实套袋　套袋适期在柑橘果实软化转色期前，即柑橘小实蝇田间（雌）成虫产卵前。柑橘果实套袋对柑橘果实的糖度有一定影响，套袋材料选白色纸袋为好。

二　柑橘大实蝇

柑橘大实蝇 *Bactrocera*（*Tetradacus*）*minax*（Ender.）属双翅目实蝇科。

【分布与寄主】

国外分布于南亚次大陆的印度和不丹。国内分布于北纬24°~33°、海拔230~1 850米的地区，其中，北纬25°~32°、海拔400~900 m 为主要分布区，在贵州、四川、湖南、湖北、云南、广西、江苏和台湾等省（区）发生为害。

寄主植物有枳壳属的枸橘（枳），金橘属的金橘，柑橘属的佛手、香橼、柠檬、酸橙、甜橙类、柚类、蕉柑、王柑、椪柑、温州蜜橘、红橘、京橘（朱橘）等。

【为害状】

成虫产卵于柑橘幼果中，幼虫孵化后在果实内部穿食瓤瓣，常使果实出现未熟先黄，黄中带红现象，使被害果提前脱落。被害果实严重腐烂，完全失去食用价值，严重影响产量和品质。

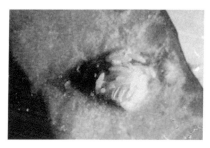

柑橘大实蝇产在果实内的卵粒　　　柑橘大实蝇成虫在柑橘果实产卵

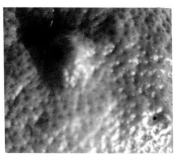

柑橘大实蝇在果实上的产卵孔　　　　　柑橘大实蝇为害状

【形态特征】

1. **成虫**　体黄褐色，大型蝇类，体长 10~13 毫米（不含产卵管），翅展 24~26 毫米。复眼亮铜绿色，头部黄色至黄褐色。中胸盾片中央区有 1 条深茶褐色至暗褐色的"人"字形斑纹，其两侧各具 1 条深色粉毛宽纵纹。背面中央具 1 条黑色纵纹，从基部直达腹端，与第 3 背板基部的 1 条黑色宽横带成"十"字形交叉；第 4、第 5 背板基侧和第 2~4 背板的侧缘均具黑色斑纹。

2. **卵**　乳白色，中部稍弯曲，近蛆形，长 1.5~1.6 毫米，直径 0.2~0.3 毫米，卵壳表面光滑无花纹。

3. **幼虫**　老熟幼虫体长 14~16 毫米，乳白色，长圆锥形，由 11 节组成。头部退化，口钩黑色，常缩入体内。

4. **蛹**　为围蛹，长 8.5~10.2 毫米，直径 3~3.5 毫米，短肥纺锤形，初为黄褐色，羽化前黑褐色。

【发生规律】

1 年发生 1 代。一般地区 4 月下旬至 5 月初，成虫开始羽化出土，5 月中下旬转为盛期，6 月下旬至 7 月中旬渐少。成虫夜伏昼出，喜停息叶背面，阴雨日静息，晴朗天 11~16 时活动敏捷。气温高时常飞到橘园附近的树丛中隐蔽处觅食。每雌产卵总量最多 207 粒，一般 80~90 粒，最少只几粒。雌虫产卵时喜选择直径 25~35 毫米的幼果，产卵时用产卵针刺破果皮，将数粒或数十粒卵产在沙囊中或囊瓣间，果腰至果脐部位着卵比例在 90% 以上。由于寄主品种不同，单果着卵量和卵迹形状都有所差异，早熟品种受害最重。成虫近距离飞翔扩散力很强，用荧光素标记 5 000 头成虫，释放顺风回收，最远距离一次性飞 1 500 米，一般 500~1 000 米。

【防治方法】

1. 触杀或诱杀成虫　成虫羽化初期，在树冠下喷洒 50% 辛硫磷乳油 1 000 倍液，触杀羽化出土有数分钟爬行习性的成虫。毒饵诱杀成虫效果好，活性强的配方有两种：一种是 3% 红糖加 2% 水解蛋白加 1%15 度米酒加 95% 水，配成母液后按质量比加入 90% 晶体敌百虫或 50% 马拉硫磷 800 倍液，静置发酵 2~3 天；另一种是 5% 红糖加 1% 水解蛋白加 1% 啤酒酵母水溶液，再加相同杀虫剂。诱饵均匀布点喷雾树冠中上部，每公顷喷 80~90 株（即每亩喷 5~6 株）。0.1% 阿维菌素浓饵剂有效成分用药量 2.7~4.05 克/公顷，诱杀。

2. 人工灭除　在橘树果实发育的中、后期，及早采摘"三果"，即采摘产卵迹象明显的青果（晒干加工成中药），随时摘除被幼虫蛀害的未熟早黄果，彻底捡拾落在树冠下的虫果，将其丢在清粪坑中泡杀幼虫，可作肥源。如用刀剖开或用脚将虫果踏烂后再弃粪水中，杀虫效果更好。在果园按每公顷栽 10 株早熟品种，诱杀成虫趋集产卵，减少对其他植株的为害，使防治对象植株缩小，对这类树上的虫果也便于处理。

3. 药剂防治

（1）地面喷药灭蛹和初出土成虫：4 月下旬至 5 月中下旬是

成虫羽化出土期，在此之前7天左右对上年为害严重的果园和堆放处理蛆柑的场所进行地面喷药，可以每亩撒施15%毒死蜱颗粒剂1千克，灭蛹和防治初羽化成虫。

（2）树冠喷药杀灭产卵前的成虫：6月上旬至7月是成虫羽化和产卵期，是树冠喷药的关键时期。统一喷药时间，根据海拔高低在成虫产卵前期的5月下旬或6月上旬开始喷药。每7~10天喷1次，喷药至7月下旬，海拔在400米以上的地方喷药至8月上旬。统一配方，可采用传统方法：用敌百虫50克，红糖1.5千克加水50千克对1/3的树冠和果园周边1米内的杂草进行喷雾诱杀。

3.不育防治　用辐射处理雄虫后，利用不育雄蝇和雌蝇交尾，造成不育。

4.性诱防治　可选用性诱剂，悬挂园中诱杀成虫。

三　蜜柑大实蝇

蜜柑大实蝇 *Bactrocer tsuneonis*（Miyaka）是柑橘大实蝇的近缘种，同属植物检疫害虫，属双翅目实蝇科。

【分布与寄主】

国内分布于贵州、广西和四川。蜜柑大实蝇的为害远不如柑橘大实蝇范围广、程度烈。在贵州，仅在都匀、平塘、罗甸等几个县采到标本。四川省也类似，均未形成造成经济损失的种群数量。广西凭祥、宁明等少数地区例外，作者前往采集标本时，发现甜橙和酸橙的蛀果率不亚于其他地区的柑橘大实蝇为害。

【为害状】

蜜柑大实蝇以幼虫在果实内取食瓤瓣为害，致使果实未熟先黄，提前脱落，丧失食用价值，严重影响果实产量和品质。

蜜柑大实蝇成虫

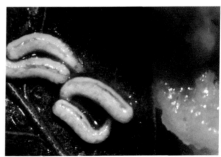

蜜柑大实蝇幼虫

【形态特征】

蜜柑大实蝇形态与柑橘大实蝇很相似。

1. **成虫**　体形稍小或等于柑橘大实蝇。体长 10.2~12.3 毫米，翅展 22~24 毫米。成虫与柑橘大实蝇的主要区别：一是体形稍小，特别是雄虫；二是触角沟端部内侧的颜斑呈长椭圆形，不充满触角沟端内侧，柑橘大实蝇颜斑不规则近圆形，充满触角沟端内侧；三是代表型具胸鬃 8 对，柑橘大实蝇 6 对，两种实蝇胸背鬃序变化较大。

2. **卵**　白色，椭圆形，中部稍弯，一端尖，另一端钝圆，上有 2 个不太明显的小突起。大小为 1.4 毫米 ×0.3 毫米。

3. **幼虫**　老熟幼虫（第 3 龄）14~15.5 毫米，直径约 2.5 毫米，体乳黄色略带光泽。前气门"丁"字形，外缘成直线状，稍弯曲，气门裂具 33~35 个乳状突。

4. **蛹**　为伪蛹，初为淡黄色，渐转黄褐色。长 8.0~9.8 毫米，宽 3.8~4.3 毫米。

【发生规律】

1 年发生 1 代。发生时期和习性与柑橘大实蝇相似。两虫混布区可同时存在相同的虫态。7 月下旬至 8 月中下旬产卵，8 月下旬至 9 月下旬卵孵化，11 月上旬至 12 月中旬虫发育老熟脱果化蛹，12 月中下旬至翌年 4 月下旬蛹在表土 10 厘米内越冬。

【防治方法】

参考柑橘大实蝇。

四　柑橘花蕾蛆

柑橘花蕾蛆 *Contarinia citri* Barnes 又名花蛆、包花虫、灯笼花、橘蕾瘿蝇，属双翅目瘿蚊科。该虫发生期不长，但为害造成的损失有时比较大。近年来，有些地方的橘园由于花蕾蛆为害严重而造成较大的损失，有些甚至空树或空园。

【分布与寄主】

分布于贵州、四川、云南、广西、湖南、广东、湖北、江西、江苏、浙江、福建、陕西等省（区）。寄主限于柑橘类植物，如温州蜜橘、川橘、甜橙和柚等。

【为害状】

成虫在花蕾上产卵，幼虫孵化后为害花器，使被害花器变形、变色，外形较正常的花蕾短，横径显著膨大，花瓣上常出现绿色小点。有虫花蕾不能开花结果，形成残花枯落。以幼虫为害花器，花被害后紧闭不张，不能开花结实，对产量影响很大。

柑橘花蕾蛆为害花蕾不能开放

柑橘花蕾蛆幼虫

柑橘花蕾蛆幼虫为害（中1朵）

柑橘花蕾蛆幼虫为害使花朵畸形肿大

柑橘花蕾蛆幼虫为害状

【形态特征】

1. **成虫**　雌成虫形似蚊，体长约2毫米，翅展约4毫米，黄褐色，身被细毛。胸背隆起，前翅膜质透明，翅面及缘均被细毛，强光下闪紫光。脉向简单，前缘脉与前缘并合，经分脉伸至顶角后方，肘脉在中部分叉与外缘和后缘相连。平衡棒被细长绒毛。腹部可见8节，节间连接处生一圈黑褐色粗毛。

2. **卵**　无色透明，长椭圆形，大小为0.16毫米×0.05毫米。

卵外包一层胶质，一端有细丝。

3. 幼虫　橙黄色，长纺锤状，长 3~8 毫米。有气门 9 对，第 1 对生于前胸，其余 8 对在 1~8 腹节两侧，后气门发达。第 3 龄老熟幼虫腹端有 2 个角质化突起，外围有 3 个小刺。

4. 蛹　长 1.8~2 毫米，初为乳白色，后变黄褐色，羽化前复眼和翅芽变黑褐色。体外有长 2~2.2 毫米的黄褐色或黑褐色椭圆形茧壳，由幼虫分泌胶质黏合泥土而成。

【发生规律】

柑橘花蕾蛆大多 1 年发生 1 代，部分可发生 2 代，均以成熟幼虫在柑橘树下土中结茧越冬。一般在翌年 3 月中下旬化蛹，蛹期 8~10 天，3 月下旬至 4 月中旬柑橘花蕾现白时为成虫羽化出土盛期。成虫寿命 2 天左右，长的可达 6~7 天。羽化后 1~2 天交尾、产卵，全代产卵期先后持续 2 周左右，卵期 3~4 天。4 月为幼虫出现盛期，幼虫期 1 龄 3~4 天，2 龄 6~7 天，3 龄最长，幼虫在花蕾内为害 10 天左右，4 月中旬至 5 月上旬 3 龄幼虫陆续脱蕾入土休眠。部分可在 5 月下旬出现 2 代幼虫为害晚期花蕾，但由于气候和食料关系，幼虫发生数量很少。

【防治方法】

1. 农业防治　冬季施完基肥后，在树冠下翻土 10~15 厘米，盖上塑料薄膜，从橘株行间铲土覆盖在膜上 3 厘米厚。

2. 地面施药　在成虫羽化出土前 2~3 天或蕾顶露白前 1 周左右，及时进行地面施药。地面施药是防治柑橘花蕾蛆的有效方法，应把地面施药与花蕾施药结合起来，以地面施药为主，花蕾施药为辅。地面施药可用 3% 辛硫磷颗粒剂每亩 4 千克，或者 5% 毒死蜱颗粒剂每亩 1~1.5 千克，拌 20 千克细沙均匀地撒施于整个树冠的下部即可。对上年为害严重的成年树，应全园地面施药。也可选用 50% 辛硫磷乳油 1 000~1 500 倍液，喷施在地面，若在树冠再喷药 1 次，防治效果更好。花谢初期在地面施药 1~2 次，可防止幼虫入土。

3. **树冠喷药** 若错过地面施药时机，应抓紧在成虫羽化初期尚未产卵之前，或多数花蕾直径 2~3 毫米时，于雨后天晴的傍晚在树冠上选喷 50% 辛硫磷乳油 1 000~1 500 倍液，50% 杀螟硫磷或 80% 敌敌畏乳油 1 000 倍液，10% 氯氰菊酯乳油 4 000 倍液，2.5% 溴氰菊酯乳油 3 000 倍液。

4. **重视处理被害花蕾** 及时摘除被害花蕾，并集中深埋，这样可有效减少下一代花蕾蛆的发生。

五　柑橘芽瘿蚊

柑橘芽瘿蚊 *Contarinia* sp. 属双翅目瘿蚊科。

【分布与寄主】

该虫已知在广东省湛江西北部低丘陵区有较多发生，受害产量损失达 10% 左右。寄主限于柑橘类植物。

【为害状】

以蛆状幼虫钻入嫩芽为害，被害芽呈虫瘿状，10天左右芽即枯萎或霉烂，嫩芽几乎都遭受为害。小叶片卷曲，小叶柄膨大呈瘤状。

柑橘芽瘿蚊为害的芽尖

柑橘芽瘿蚊成虫

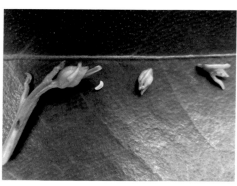

柑橘芽瘿蚊为害的芽尖

【形态特征】

1. **成虫**　雌虫体长 1.3~1.5 毫米，橙红色；雄虫略小，黄褐色。翅椭圆形，翅脉 3 条，终止于翅尖以前，翅面密布细毛。足细长灰黑色，后足第 2~4 跗节较前足的长，每爪有 1 枚粗状齿。腹部可见 8 节。

2. **卵**　长约 0.5 毫米，长椭圆形，表面光滑，初产时乳白色，渐变为紫红色。

3. **幼虫**　老熟幼虫体长 3.5 毫米，乳白色，纺锤形，第二节腹面中央有黄褐色"Y"形剑骨片,其末端形成 1 对正三角形叉突。口沟褐色。

4. **雌蛹**　体长 1.5 毫米，雄蛹体长 1.19 毫米。头部额刺 1 对，前胸背面前缘具 1 对长呼吸管，复眼黑色有光泽，足与翅芽黑褐色。雌蛹后足达到第 5 腹节前端，雄蛹后足超过体长。

【发生规律】

广东每年发生 4 代，田间世代重叠，以幼虫入土作茧。第 1 代成虫 1~3 月出现，幼虫为害刚萌动春芽，形成虫瘿。第 2 代成虫 5 月出现，幼虫为害夏芽。第 3 代成虫 7~8 月出现，幼虫为害秋芽。第 4 代成虫 11 月发生，主要为害田间杂草羊蹄草，不形成虫瘿，但在其上越冬。成虫白天活动，从 10~16 时在树冠交尾，一生可多次交尾,选择在健壮芽上产卵。每个叶柄瘤内有 2 头幼虫，而每叶内有 1~6 头，被害部色泽变浅。4 月以前被害嫩芽呈枯萎状，不久脱落；4 月至 5 月初温湿度增加，受害嫩芽多发霉腐烂。老熟幼虫弹跳下地化蛹，幼虫在表土 1~2 厘米以内为多。幼虫抗逆力较强，能结茧度过不良环境，从幼虫离开被害芽到羽化为成虫要 12.5~18.6 天。据观察，芽瘿蚊在广东省廉江 1 年发生 4 代，以蛹越冬。1 月上旬（旬均温 15.2 ℃）即开始有少量越冬蛹羽化出土，为害发芽早的橘树，2~3月大量发生，是为害盛期，4月下旬以后就难见为害。

每头雌虫可产卵20~80粒，以交尾后第2天产卵量最多。幼虫入土深度多为1~2厘米，少数为3~4厘米。成虫历期1~3天，卵期3天，幼虫期14~18天，前蛹期2~3天，蛹期5~7天。整个世代历期，1~2月为35天左右，2~3月约1个月，4月约24天。

【防治方法】

1. 药剂防治　柑橘发芽前（越冬蛹羽化前）或幼虫初入土时（发现芽枯）地面施2.5%辛硫磷颗粒剂每亩3千克混泥粉25千克，拌成毒土撒施。早春柑橘萌芽时，喷布80%敌敌畏乳油1 000倍液，1周后再喷1次。

2. 农业防治　冬季翻耕或早春浅耕树冠周围土壤。及时摘除受害芽，并深埋。防止带芽瘿蚊的苗木传入新区。

3. 保护利用天敌　柑橘芽瘿蚊黑蜂及长距旋小蜂对芽瘿蚊有一定的抑制效果，注意保护与利用。

六	橘实瘿蚊

橘实瘿蚊 *Resselia titrifrugis* Jiang 又名橘实蕾瘿蚊、柚果瘿蚊，因幼虫和蛹呈橘红色，又称为橘红瘿蚊、红沙虫等，属双翅目瘿蚊科。

【分布与寄主】

分布于四川、贵州和湖北等省，为害甜橙、柑橘和柚类。1986 年四川蒲江县 90% 的橘园此虫成灾，引起大量落果，最高被害果率达 50%。同年，贵州都匀市前进果场，产量损失约 30%，园区个别区域落果高达 60%。此虫是我国近几年来新发现的重要害虫之一，有潜在扩大为害的可能性，应引起高度重视。

【为害状】

橘实瘿蚊成虫将卵产在果皮表层，卵孵化后即蛀食皮层，呈隧道状，一般不为害瓤瓣，受害成熟果在贮运过程中发生腐烂，为害严重时果实腐烂脱落。

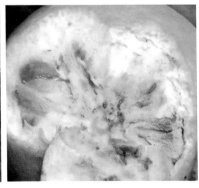

橘实瘿蚊幼虫为害果实致果实提前变黄　　　橘实瘿蚊幼虫为害状

【形态特征】

1. **成虫**　雄虫体小，体长 1.3 毫米，翅长 3.8 毫米，体暗红色，头小，脚细长，翅上有光泽。雌虫体稍大，雌成虫体长 2 毫米，翅展 3.5~4.8 毫米。体密被细毛，体腹淡红色。中胸发达，前翅基部收缩，椭圆形，膜质，翅脉简单而少。

2. **卵**　细长椭圆形，乳白透明，临孵化前卵内红色眼点清晰。

3. **幼虫**　纺锤形，老龄幼虫 3~4 毫米，红色，13 节。初孵时白色透明，头壳短，腹部有浅黄斑，胸部有三角形红色斑点，末端有 4 个突起，中胸腹板有 1 个 "Y" 状剑骨片。

4. **蛹**　长 2.7~3.2 毫米，外被黄褐色丝茧。体红褐色，临羽化时黑褐色，头顶有 1 对叉状额刺。雌蛹后足达腹部第 5 节，雄蛹足达第 6 节。

【发生规律】

1 年发生 3~4 代，世代重叠严重，相比之下越冬代羽化较整齐。此虫以老熟幼虫在土中越冬，翌年 5 月于土表下化蛹、羽化。贵州黔南，6 月初橘园始见成虫，如 5 月下旬多雨，羽化虫重合。6 月底至 7 月上中旬出现第 1 次落果高峰，8 月中出现第 2 次落果高峰，9 月中下旬出现第 3 次落果高峰，10 月中下旬出现第 4 次落果高峰，并以此代幼虫越冬。成虫寿命短，一般存活 2~5 天。卵 3 天孵化，幼虫 30~35 天老熟。蛹期第 2、第 3 代 7~9 天，第 1、第 4 代 12~16 天。成虫多在 18~22 时羽化出土，夜间交尾，日间多停在果面或叶上，活动力弱，飞翔慢，借风扩散。雌虫产卵管细长，可刺破果皮，将卵产于背阴面（脐橙产于脐缝中）果皮的白皮层中，数粒至几十粒不等。幼虫孵化后，蛀食白皮层呈隧道，被害部果皮枯缩成黑褐色，常出现龟裂。被蛀果在湿度大时易腐烂，干燥时大量掉落，幼虫从果上弹跳入土化蛹。入土幼虫耐湿力强而抗干旱力弱，在土壤含水量达 15%~18% 时，成活率很高。蛹在相对湿度低于 80% 时很难羽化。

柑橘植株长势茂密、沙质土、相对湿度大、光照少，适于实瘿蚊成虫发生和幼虫为害。柑橘各类品种中以柚类受害最重，其次为橙类，柑类较轻，一般不为害橘类。

【防治方法】

1. **果实套袋**　在第 2 次生理落果结束后套袋，隔绝虫源，控制为害。

2. **地面撒药**　清除果园杂草，合理修剪，排除积水。在地面撒施辛硫磷颗粒剂，堵、毒杀关键的一代成虫。4 月下旬到 5 月上旬，均匀撒施在树冠下部。发生严重的果园 6 月下旬还可以按上述方法再撒施一次。抓好第 1 代幼虫的防治，减少发生基数，是做好全年防治的关键。

3. **喷药保护**　结合其他害虫防治，7 月上旬开始，每隔 7~10 天用 48% 毒死蜱 1 000 倍液喷树冠和地表，杀灭地面、果面害虫，连喷 3~4 次，特别注意成片果园要进行联防，对果园周边杂草、土壁及地面均要喷药。

4. **虫果处理**　及时摘除和捡拾虫果，集中用塑料袋封杀或撒生石灰杀灭幼虫并深埋；贮运过程中的虫果应集中撒生石灰杀灭虫体并深埋，杜绝虫害蔓延。

5. **冬季搞好清园，降低虫口基数**　采果后彻底清除残枝败叶、落果，集中深埋；排除积水、整理厢沟，保持果园适度干燥；每亩撒石灰粉 50 千克，再浅锄 10~15 厘米，降低土表湿度，恶化橘实瘿蚊的越冬环境，减少越冬虫源，降低虫口密度，减少全年防治工作压力。

七　桃蛀野螟

桃蛀野螟 *Dichocrocis punctiferalis* Guenée 俗称桃蛀螟、桃钻心虫、桃果蠹螟、桃果斑螟蛾、桃果实螟等，属鳞翅目螟蛾科。

【分布与寄主】

国内南北方都有分布。寄主植物有桃、梨、李、苹果、杏、梅、石榴、柑橘、甜橙、柚、大粒葡萄、向日葵和蓖麻等。近年来，受耕作栽培制度变革等多种因素影响，桃蛀野螟在柑橘上发生面积扩大，为害损失加重，严重影响柑橘生产安全。三峡河谷地区秭归县脐橙生产发展迅速，20世纪80年代初期桃蛀野螟在柑橘上很少见为害，20世纪90年代为害发生逐年上升，近年来脐橙遭受桃蛀野螟为害越来越严重，已上升为柑橘产区的主要害虫。一般脐橙果园虫果率达7.5%，严重发生为害的果园达20%以上。柑橘产量损失1~2成。桃蛀野螟在一些地方已经成为严重为害柑橘的蛀果类害虫之一。

【为害状】

桃蛀野螟从果蒂附近蛀入果内食害，蛀孔呈椭圆形、光滑，比虫体稍粗；蛀孔周围及其下方叶腋、果柄处，堆积浅褐色（久后变为灰色）粒状虫粪，并夹杂丝网，果内也有少量虫粪。

桃蛀野螟为害果实

桃蛀野螟成虫

桃蛀野螟低龄幼虫近观

【形态特征】

1. **成虫** 体长 12 毫米，翅展 25~28 毫米，体黄色，全身有许多黑色小斑。前翅一般有 25 个黑斑，后翅有 17 个黑斑。少数个体翅斑稍有变化。

2. **卵** 椭圆形，长 0.7~0.8 毫米，宽 0.4~0.5 毫米，红褐色，卵面具网状花纹和圆形密小刺点。

3. **幼虫** 老熟幼虫体长 18~20 毫米，背部暗紫红色，腹面浅绿色，头、前胸背板和臀板褐色，身体各节有多个污褐色瘤片。雄虫第 5 腹节背面有 2 个暗褐色性腺。

4. **蛹** 暗褐色，长 12~14 毫米，体形椭圆，腹末有细而卷曲的臀刺 6 根。

【发生规律】

桃蛀野螟 1 年发生 2~5 代。由于地区环境生态差异，发生代数和各代寄主选择也不同。在贵州，主要以第 3 代幼虫蛀食柚、甜橙和晚茄；浙江舟山地区 1~3 代都可在楚门文旦上繁殖。据调查，不同柑橘种类受害程度不同，以脐橙最重，虫果率达 14%，其次为台北柚（12.7%）、甜橙（2.4%）、红橘（0.1%）。成虫根据寄主果径大小，将卵产于果蒂或脐部附近，1~8 粒。幼虫孵出后，蛀入橘、橙果肉取食，对柚和文旦等大型果实，一般在海绵层中迂回蛀害，也有蛀入瓤瓣者。虫道中大多无虫粪，但充满黄色胶黏质与粪屑的混合物。幼虫为害小的果实，有转果蛀害现象。在贵州第 1 代幼虫主要为害桃，第 2 代主要为害玉米和向日葵，最后一代才为害柑橘。

桃蛀野螟以幼虫在被蛀害的落果中或树皮裂缝处、玉米秆中等场所越冬，翌年4月下旬至5月上中旬化蛹，蛹期平均约13.5天。5月中下旬越冬代成虫羽化产卵，卵期6~8天。5月底至6月上中旬第1代幼虫为害，下旬化蛹；7月中旬第1代成虫羽化；8月上中旬第2代幼虫孵化为害；8月下旬至9月上旬第二代成虫羽化；9月上中旬第三代（越冬代）幼虫孵化；10月中下旬老熟幼虫进入越冬。各代虫态重叠较严重，加之寄主复杂，桥梁寄主丰富，使橘园成虫和幼虫主峰期参差不齐，且拖延很长。

【防治方法】

1. 农业防治　对名特优柑橘品种园，附近不要种植桃、玉米、向日葵和茄等桃蛀野螟嗜好的寄主，以减少进入橘园的成虫密度。

2. 人工防治　及时摘除橘园中各代幼虫蛀食的害果。

3. 药剂防治　各代成虫羽化产卵期，用25%灭幼脲悬浮剂2 000 倍液，90% 敌百虫晶体 1 000 倍液，50% 马拉硫磷乳油 1 000 倍液喷雾果实。

八 亚洲玉米螟

亚洲玉米螟 *Ostrinia furnacalis*（Guenée）又称玉米螟，属鳞翅目螟蛾科。

【分布与寄主】

分布于北京市、东北 3 省、河北省、河南省、四川省、广西等地。主要为害玉米、高粱、谷子等，寄主种类多达 150 种，是近年来广东柑橘上的新害虫。

【为害状】

亚洲玉米螟以幼虫咬破果皮后蛀食白皮层，蛀孔与虫体大小相似，头部钻入孔内一直咬食至果肉，使虫体隐藏在果内并蛀食，向洞外排出胶质颗粒虫粪，洞内也被虫粪填充。果实提早变黄，孔洞周围先行腐烂，后脱落。

亚洲玉米螟成虫

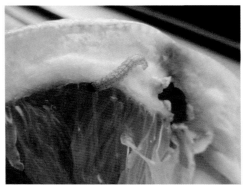

亚洲玉米螟幼虫蛀果为害状

亚洲玉米螟蛀食葡萄柚嫩枝

【形态特征】

1. **成虫**　体长 10~13 毫米，翅展 24~35 毫米，黄褐色蛾子。雌蛾前翅鲜黄色，翅基 2/3 部位有棕色条纹及一条褐色波纹，外侧有黄色锯齿状线，向外有黄色锯齿状斑，再外有黄褐色斑。

2. **卵**　长约 1 毫米，扁椭圆形，鱼鳞状排列成卵块，初产乳白色，半透明，后转黄色，表具网纹，有光泽。

3. **幼虫**　体长约 25 毫米，头和前胸背板深褐色，体背为淡灰褐色、淡红色或黄色等，第 1~8 腹节各节有 2 列毛瘤，前列 4 个以中间 2 个较大，圆形，后列 2 个。

4. **蛹**　长 14~15 毫米，黄褐色至红褐色，第 1~7 腹节腹面具刺毛两列，臀棘显著，黑褐色。

【发生规律】

亚洲玉米螟发生世代随纬度变化而异。四川梁平县 1 年发生 4 代，以第 3 代（8 月下旬至 9 月上旬）开始潜入柚果果实为害。广东近年来局部地方在甜橙类和少数杂柑品种上发生为害，每年 8 月下旬开始至 10 月中旬可见被害果实。

　　成虫昼伏夜出，有趋光性。幼虫多在上午孵化，幼虫孵化后先群集在卵壳上，有啃食卵壳的习性，经1小时左右开始爬行分散，行动敏捷，被触动或被风吹即吐丝下垂，随风飘移而扩散到临近植株上。幼虫有趋糖性、趋触性（幼虫要求整个体壁尽量保持与植物组织接触的一种特性）、趋湿性、背光性四种习性。

【防治方法】

　　1. 防治幼虫　柑橘园内避免间种玉米、高粱等作物，8月下旬产卵高峰期，喷雾杀虫剂，防治未钻入果内的幼虫。

　　2. 防治越冬幼虫　在玉米螟越冬后幼虫化蛹前期，采用处理秸秆、机械灭茬、白僵菌封垛等方法来压低虫源，减少其化蛹羽化的数量。白僵菌封垛的方法是：越冬幼虫化蛹前（4月中旬），把剩余的秸秆垛按每立方米使用100克白僵菌粉，每立方米垛面喷一个点，喷到垛面飞出白烟（菌粉）即可。一般垛内杀虫效果可达80%左右。

　　3. 防治成虫　因为玉米螟成虫在夜间活动，有很强的趋光性，所以设频振式杀虫灯、黑光灯、高压汞灯等诱杀玉米螟成虫，一般在5月下旬开始诱杀，7月末结束，晚上太阳落下开灯，早晨太阳出来闭灯。不但能诱杀玉米螟成虫，还能诱杀所有具有趋光性的害虫。

　　4. 防治虫卵　利用赤眼蜂卵寄生在玉米螟的卵内吸收其营养，致使玉米螟卵被破坏死亡而孵化出赤眼蜂，以消灭玉米螟虫卵。

九　长吻蝽

长吻蝽 *Rhynchocoris humeralis* Thunb. 又名柑橘大绿蝽、柑橘角肩椿象、棱蝽、角尖椿象、青椿象等，属半翅目蝽科，是柑橘园为害较重的蝽类之一。

【分布与寄主】

分布于贵州、广西、云南、四川、浙江、湖南、江西、湖北、福建、广东、台湾等省（区），寄主为柑橘类植物，还见为害苹果和花红等果树。

【为害状】

成虫和若虫吸食叶片及果实营养液，轻者果小、僵硬、水少、味淡，重者脱落，对柑橘产量和品质影响较大。果面被刺害部位逐渐变黄，但不呈水渍状，这与吸果夜蛾的为害状有所区别。

长吻蝽成虫

柠檬叶上长吻蝽卵块

长吻蝽为害甜橙果实

【形态特征】

1. 成虫　生态环境不同，体形大小稍有差异。活虫青绿色，尤以前胸背板及小盾片绿色更深，体长盾形，长 18~24 毫米，宽 11~16 毫米。头凸出，口器很长，吻末端为黑色，向后可伸达腹末，故得此名。前胸背板前缘附近黄绿色，两侧成角状凸出，并向上翘而角尖后指，分布有粗而黑的刻点。

2. 卵　鼓形，长 1.8~2.0 毫米，宽 1.2~1.4 毫米。初产时白灰色，底部有胶质黏于干叶上，后变暗灰色。卵盖较小，周缘具小颗粒。

3. 若虫　共 5 龄。老龄若虫长 15~17 毫米，宽 10~12 毫米，全体青绿色或黄绿色。头部中央有 1 条纵走黑纹，复眼内侧各有 1 个小黑斑。前胸背板侧角向后延伸，角尖指，侧缘具细齿，有黑狭边。

【发生规律】

1 年发生 1 代，以成虫在柑橘枝叶丛中或附近避风隐蔽场所越冬。贵州罗甸县越冬成虫 5 月上旬开始活动，中旬交尾产卵，卵 5 月下旬开始孵化，至 10 月中旬仍可采到成虫和若虫。10 月下旬后，成虫始迁移至越冬场所渐入越冬。饲养观察，卵历期 5~9 天，若虫期 30~40 天，成虫寿命在 300 天以上。福建省闽侯地区越冬虫 5 月上旬出现，以后各虫态重叠，8~9 月发生最多，造成严重落果。广西隆安县浪湾华侨农场 20 世纪 80 年代由于此虫为害，一般落果率 5%，严重时达到 12%~15%。

　　成虫活动敏捷，受惊即飞逃。交尾时间多在 15~16 时，10~11 时亦有交尾者。如无打扰，交尾时间长达 1~2 小时，甚至更长，在交尾中可吸食活动。成虫交尾后 3 天便可产卵，12~13 粒卵整齐排列成卵块，一般产于叶面，少数产在果上。雌虫产卵期长，卵孵化率高达 90% 以上。初孵幼虫团聚叶面吸食，2 龄或 3 龄开始分散为害。

　【防治方法】

　1. **药剂防治**　在初龄若虫盛期喷药，药剂可用 90% 晶体敌百虫或 80% 敌敌畏乳油 800~1 000 倍液，2.5% 溴氰菊酯乳油或 20% 杀灭菊酯乳油 2 000 倍液。用松碱合剂防治蚧类时可兼治。

　2. **人工防治**　在阴雨天或晴天早晨露水未干前，成虫、若虫不活泼，多栖息在树冠外围叶片上，可在此时进行捕捉。另外，在 5~9 月注意摘除叶片上的卵块。若发现卵盖下有一黑环的卵，就是被平腹小蜂寄生了，应留在田间以保护天敌。

　3. **生物防治**　黄猄蚁和平腹小蜂是长吻蝽的重要天敌，加强保护利用对长吻蝽的防治可起到明显的作用。

一〇　玫瑰巾夜蛾

　　玫瑰巾夜蛾 *Parallelia arctotaenia* Guenée 属鳞翅目夜蛾科，别名月季造桥虫、蓖麻褐夜蛾，为柑橘吸果夜蛾的一种。

【分布与寄主】

　　分布于山东、河北、江苏、上海、浙江、安徽、江西、陕西、四川、贵州等省（市）。寄主有柑橘、月季、玫瑰、蔷薇、石榴、马铃薯、蓖麻、十姐妹、大丽花、大叶黄杨等。

【为害状】

　　幼虫食叶成缺刻或孔洞，也为害花蕾及花瓣。成虫吸食柑橘、苹果、梨、杧果、桃等果汁。

玫瑰巾夜蛾成虫

【形态特征】

　　1.成虫　体长 18~20 毫米，翅展 43~46 毫米，全体暗灰褐色。

前翅有 1 条白色中带，其上布有细褐点，翅外缘灰白色；后翅有 1 条白色锥形中带，翅外缘中后部白色，缘毛灰白色。

2. 幼虫   绿褐色，有赭褐色细点，第 1 腹节背面有 1 对黄白色小眼斑，第 8 腹节背面有 1 对黑小斑。

3. 蛹   体长 16~19 毫米，体宽 5.5~6 毫米。体形中等，红褐色，体表被白粉；腹部末端具不规则网纹，着生红色钩刺 4 对。

【发生规律】

华东地区年发生 3 代，以蛹在土内越冬。翌年 4 月下旬至 5 月上旬羽化，多在夜间交尾，把卵产在叶背，1 叶 1 粒，一般 1 株月季有幼虫 1 条，幼虫期 1 个月，蛹期 10 天左右。6 月上旬第 1 代成虫羽化，幼虫多在枝条上或叶背面，呈拟态似小枝。老熟幼虫入土结茧化蛹。

【防治方法】

1. 灯光诱虫   利用黑光灯诱杀成虫，捕捉幼虫。

2. 化学防治   喷洒 80% 敌敌畏乳油 1 000 倍液，或 2.5% 溴氰菊酯乳油 3 000 倍液，或 20% 氰戊菊酯乳油 3 000 倍液。

超桥夜蛾

超桥夜蛾 *Anomis fulvida*（Guenée）属鳞翅目夜蛾科。

【分布与寄生】

我国湖南（湘中、湘西）、浙江、江西、四川、广东、云南等地有分布；国外在印度、缅甸、斯里兰卡、印度尼西亚、大洋洲等有分布。寄主有柑橘、杧果等。

【为害状】

幼虫啃食叶片，造成叶片缺刻或孔洞，严重时吃光叶片。成虫吸食柑橘等果实的果汁。

超桥夜蛾成虫

超桥夜蛾幼虫

【形态特征】

1. **成虫**　体长 13~19 毫米，翅展 40~44 毫米。头部及胸部棕色杂黄色；腹部灰褐色，前翅橙黄色，密布赤锈色细点，各线紫红棕色，基线只达 1 脉，后有灰褐色，内线波纹形外斜，中线微波纹形，外线深波纹形，环纹为一白点，有红棕色边，肾形纹后为黑棕圈，亚端线不规则波纹形，缘毛端部白色；后翅褐色。本种有几个变型，翅色褐黄色、褐色或锈红色。

2. **卵**　长椭圆形，长 0.7 毫米，宽 0.55 毫米，青绿色。

3. **幼虫**　老熟幼虫体长 40 毫米，头部较长，灰褐色，腹面绿色，亚背区有一列黄色短纹，或身体绿色带灰色，背面及侧面有黄色或白色条；胴部灰褐色或带绿褐色、暗黄褐色；腹部各节上有稀疏刺毛，第 1、2、7、8 腹节上的腹足退化，尾足向后突出。

4. **蛹**　长卵圆形，长 20 毫米，宽 6 毫米，深褐色。

【发生规律】

幼虫均生活于杂草灌木间。成虫飞翔力强，白天分散潜伏，晚上取食、交尾、产卵等。成虫以果实汁液为食料，尤喜吸食近成熟和成熟果实汁液。该虫在广西西南部的果园，4~6 月为害枇杷、桃、李和早熟荔枝果实；5 月下旬至 7 月，为害荔枝果实；7 月中旬至 8 月上旬为害龙眼果实；6~8 月上旬除为害荔枝、龙眼外，还为害杧果、黄皮等；8 月中旬以后开始为害柑橘果实。一天中以 20~23 时觅食活跃。闷热、无风、无月光的夜晚，成虫出现数量较大，为害严重。凡是丘陵山区的果园，夜蛾类害虫发生较严重。

夜蛾类害虫的天敌，卵期有赤眼蜂、黑卵蜂，幼虫期有一种线虫，成虫天敌有螳螂和蚰蜒等。

【防治方法】

1. **农业防治**　在山区或近山区新建果园时，尽可能连片种植；选种较迟熟的品种，避免同园混栽不同成熟期的品种。栽种幼虫寄主植物，如在果园边有计划地栽种木防己、汉防己、通草、十大功劳、飞扬草等寄主植物，引诱成虫产卵，孵出幼虫，加以捕杀。

2. 人工防治　在果实成熟期，可将甜瓜切成小块悬挂在果园，引诱成虫取食，夜间进行捕杀。在果实被害初期，将烂果堆放诱捕，或在晚上用电筒照射进行捕杀成虫。

3. 物理防治　每 10 亩果园设置 40 瓦黄色荧光灯或其他黄色灯 5~6 支，对夜蛾有一定驱避作用。对某些名优品种，果实成熟期可套袋保护。

4. 引诱防治　在果实进入成熟初期，用香茅油纸片于傍晚均匀悬挂在树冠上，驱避成虫。方法是将吸水性好的纸剪成约 5 厘米 ×6 厘米的小块，滴上香茅油，于傍晚挂在树冠外围，5~7 年的树每株挂 5~10 片，次日早晨收回放入塑料袋密封保存，晚上加滴香茅油后，继续挂出，直至收果。

在果实将要成熟前，将甜瓜切成小块，或选用较早熟的荔枝、龙眼果实（果穗），用针刺破瓜、果肉后，浸于 90% 晶体敌百虫 20 倍液中，或 40% 辛硫磷乳油 20 倍液等药液中，经 10 分钟后取出，于傍晚挂在树冠上，对健果、坏果兼食的夜蛾有一定诱杀作用。也可在果实近熟期，用糖醋加 90% 晶体敌百虫作诱杀剂，于黄昏时放在果园诱杀成蛾。

一二　　艳叶夜蛾

艳叶夜蛾 *Eudocima salaminia* Cramer 属鳞翅目夜蛾科。

【分布与寄主】

我国浙江、江西、台湾、广东、广西、云南等地有分布；国外日本、印度、大洋洲、南太平洋诸岛及非洲也有分布。成虫吸食柑橘、桃、苹果、梨、杧果、黄皮、番石榴等果汁，幼虫取食蝙蝠葛属植物。

艳叶夜蛾为害柑橘

【为害状】

成虫以口器吮吸果实汁液，刺孔处流出汁液，伤口软腐呈水渍状，内部果肉腐烂，果实品质受影响。

【形态特征】

1. **成虫**　体长35毫米，翅展85毫米，雄蛾头部及颈橄榄色带灰色，胸部橄榄色，后胸微黄色；前翅前缘橄榄色，后方白色，内线内斜，前端不显，顶角中央有1条斜纹向内斜，其后蓝绿色。后翅杏黄色；有1个大黑色肾形斑，大黑斑自顶角延至外缘。

2. **幼虫**　紫灰色，第8腹节有1个锥形突起。

【发生规律】

该虫主要以蛹越冬。成虫羽化后，需吸食水分和糖蜜促进发育，才能进行正常的交配和产卵。成虫在果实成熟期发生量大。
5～7月为害荔枝果实，7月中旬至8月上旬为害龙眼，8月中旬
后为害柑橘果实。

　　成虫在夜晚具趋光性，白天躲在荫蔽处栖息，晚上进行吸食、
交尾、产卵等活动，成虫在千金藤、木防己、通草、十大功劳、
飞扬草植物的叶片背面产卵，以在千金藤上产卵为多。

　　以幼虫取食千金藤、木防己、汉防己等植物叶片，使叶片成
缺刻或孔洞。成虫每天天黑以后开始陆续出现为害，21～23时数
量最多，24时以后逐渐减少；晴天、闷热、无风、无月光的夜晚
成虫数量多，为害也重。刮风下雨或气温下降的夜晚比较少，为
害也轻。山区丘陵果园受害重。

【防治方法】

　　参考嘴壶夜蛾。

一三　嘴壶夜蛾

嘴壶夜蛾 *Oraesia emarginata* Guenée 又名桃黄褐夜蛾，俗称蜂叮橘，属鳞翅目夜蛾科。

【分布与寄主】

在我国南北方均有发生，是南方吸果夜蛾中的优势种。国外日本、朝鲜、印度等有发生。成虫吸食近成熟和成熟的柑橘、桃、葡萄等多种果实汁液。幼虫寄主有汉防己、木防己、通草、十大功劳、青木香等。

【为害状】

成虫以锐利、有倒刺的坚硬口器从果皮健部刺入，吸食果肉汁液，果面留有针头大的小孔，果肉失水呈海绵状，以手指按压有松软感觉，被害部变色凹陷，随后腐烂脱落。

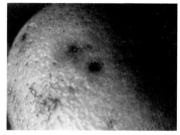

嘴壶夜蛾刺吸柑橘果实为害状

嘴壶夜蛾成虫

嘴壶夜蛾幼虫

【形态特征】

1.**成虫**　体长 16~21 毫米，翅展 34~40 毫米，头部红褐色，胸部褐色，腹部灰褐色。下唇须鸟嘴状，雌蛾触角丝状，雄蛾触角双栉齿状。前翅棕褐色，翅尖凸出，外缘中部凸出成角状。

2.**卵**　扁球形，底面平，直径约 0.75 毫米，高约 0.7 毫米，顶部有 4~5 层花瓣状刻纹和 20 多条纵纹，中部有 40 多条纵纹，与横纹形成横长方格状花纹。

3.**幼虫**　第 1 对腹足退化，第 2 对腹足较小，行动呈尺蠖状，共 6 龄。

【发生规律】

嘴壶夜蛾在南方柑橘产区 1 年发生 4~6 代，世代重叠，以幼虫和蛹在背风向阳的木防己等防己科植物基部的卷叶内、附近杂草丛中或松土块下越冬。

湖北武昌成虫在 5 月下旬至 11 月均有发生，先为害桃、梨、苹果和葡萄，后为害柑橘，但前期数量极少，9 月下旬至 11 月上旬为发生高峰期，集中为害柑橘 40 余天。

在浙江黄岩成虫先为害枇杷和水蜜桃，8 月下旬开始为害柑橘，至 10 月中旬发生数量达到最高峰，11 月上旬开始下降，为害柑橘长达 3 个月之久。

【防治方法】

1.**消灭幼虫寄主**　结合药材收购工作，连根铲除以果园附近为主，延至周围 1 千米范围内的木防己等幼虫寄生植物。或视植株大小，从 5 月上旬开始用毛笔蘸镇甲剂 [草甘膦、二甲四氯、水按 1：1：（15~20）比例配成]，涂于木防己等的藤茎基部 15~30 厘米内，特别要注意根茎部多涂，以利药剂被吸收传导而烂根（可使根腐烂达 30 厘米以上），避免复发。

2. **药剂防治**　集中栽种或保留小部分幼虫寄主植物，诱集成虫产卵后定期药杀幼虫。从 8 月下旬开始，每隔 15~20 天在树冠喷 5.7% 氟氯氰菊酯乳油 2 000 倍液 4~5 次，可基本控制夜蛾为害。

3. **驱避成虫**　有条件的地方，可在果实近成熟期，平均每亩橘园设置 40 瓦黄色荧光灯管（波长 593 纳米）或其他黄色灯光 1~2 支，地形复杂和梯度较多的橘园以设置 2 支为宜，挂在橘园边缘，每隔 10~15 米 1 支，灯管直置，底端距树冠 1.5~2 米，驱避成虫的效果好。如能在背光处进行人工捕捉，效果更理想。

4. **人工捕捉**　发蛾高峰期或害果期间，在天黑后用手电筒或提灯在果实上捕捉成虫。亦可在果实被害前或被害初期，将引诱力强、供应期长的甜瓜切成小块，悬挂于橘园诱集成虫，夜晚捕捉。

5. **科学建园**　选择植被简单和较孤立的小山或丘陵地带新辟果园。面积较大的山脚、山地及近山地，应发展连片果园，并选栽晚熟的丰产优质品种，避免混栽不同熟期的品种或多种果树。

6. **毒饵诱杀**　用瓜果片浸 2.5% 溴氰菊酯乳油 3 000 倍液制成毒饵，挂在树冠上诱杀嘴壶夜蛾成虫。

7. **果实套袋**　早熟薄皮品种在 8 月中旬至 9 月上旬用纸袋包果，包果前应做好锈壁虱的防治。

8. **生物防治**　7 月前后在柑橘园周围释放赤眼蜂，寄生吸果夜蛾卵粒。

一四　落叶夜蛾

落叶夜蛾 *Ophideres fullonia*（Clerck）属鳞翅目夜蛾科。

【分布与寄主】

我国湖南、黑龙江、江苏、浙江、台湾、广东、广西、云南等地有分布；国外日本、朝鲜、印度、大洋洲、南太平洋诸岛等都有分布。除为害柑橘外，尚可为害荔枝、龙眼、黄皮、枇杷、葡萄、桃、李、柿、番茄等多种果蔬成熟的果实。

【为害状】

成虫以其构造独特的虹吸式口器插入成熟果实吸取汁液，造成大量落果及贮运期间烂果。

落叶夜蛾成虫

落叶夜蛾（标本态）

【形态特征】

1. **成虫**　体长 36~40 毫米，翅展 106 毫米。头胸部淡紫褐色，腹部腹面黄褐色，背面大部枯黄色。前翅黄褐色，杂有暗色斑纹，后缘基部外突，中部内凹。后翅橘黄色，外缘有一黑色钩形斑，近臀角处有一黑色肾形大斑。

2. **卵**　扁圆球形，直径 0.86~0.93 毫米，高 0.84~0.88 毫米。

3. **幼虫**　体色多变，头暗紫色或黑色，体黄褐色或黑色。末龄幼虫体长 60~68 毫米，体宽 6~7 毫米，头宽 4.2~5 毫米。前端较尖，通常第 1、2 腹节弯曲成尺蠖形，第 8 腹节隆起，将第 7~10 腹节连成一个山峰状。各体节上布有不规则黄斑，第 1~8 腹节有不规则的红斑，第 2、3 腹节背面各有一个眼形斑。

4. **蛹**　黑褐色，前端较粗壮，体长 29~31 毫米，体宽 9.2~9.6 毫米。

【发生规律】

落叶夜蛾以幼虫和蛹在草丛、石缝和土隙中越冬。冬末春初多数幼虫开始化蛹，但部分幼虫在开春暖和时仍能存活。3 月底至 4 月初第一代成虫出现，并开始为害桃、李等果实。落叶夜蛾世代明显重叠，8 月中旬以后成虫开始为害柑橘，8 月下旬至 10 月上旬为发生高峰期。

【防治方法】

1. **合理规划果园**　山区和半山区发展柑橘时应成片大面积栽植，并尽量避免混栽不同成熟期的品种或多种果树。

2. **铲除幼虫寄主**　在 5~6 月用除草剂涂茎（木防己）或喷雾，彻底铲除柑橘园内及周围 1 000 米范围内的木防己和汉防己。

3. **灯光诱杀**　可安装黑光灯、高压汞灯或频振式杀虫灯，傍晚时挂于树冠周围，诱杀夜蛾。

4. **拒避**　每株树用 5~10 张吸水纸，每张滴香茅油 1 毫升于树冠周围；或用塑料薄膜包住萘丸，上刺小孔数个，每株树挂 4~5 粒。

5. **果实套袋**　早熟薄皮品种在 8 月中旬至 9 月上旬用纸袋包

果，包果前应做好锈壁虱的防治。

6.**生物防治** 7月前后人工大量繁殖赤眼蜂，在柑橘园周围释放，寄生落叶夜蛾卵粒。

7.**药剂防治** 开始为害时喷洒2.5%氟氯氰菊酯乳油2 000~3 000倍液。此外，用香蕉或橘果浸药（敌百虫20倍液）诱杀，或夜间人工捕杀成虫也有一定效果。

一五　鸟嘴壶夜蛾

鸟嘴壶夜蛾 *Oraesia excavata* Butler 又名葡萄紫褐夜蛾，属鳞翅目夜蛾科。

【分布与寄主】

我国华北、河南、陕西、江苏、浙江、广东、台湾、广西、云南、贵州等地有分布；国外日本、朝鲜有发生。成虫为害柑橘、桃、葡萄、苹果、梨等多种果实。幼虫食害葡萄、木防己的叶片。

【为害状】

成虫在果实上刺吸果汁，引起果实腐烂；幼虫啃食叶片，造成缺刻或孔洞，严重时

鸟嘴壶夜蛾成虫（郑朝武）

鸟嘴壶夜蛾成虫吸果口器

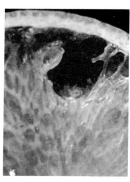

鸟嘴壶夜蛾成虫吸食柑橘果实呈空洞

鸟嘴壶夜蛾成虫

吃光叶片。

【形态特征】

1. **成虫**　体长 23~26 毫米，翅展 47~56 毫米，头部及颈板赤橙色，胸部褐色，腹部淡褐色或灰褐色。雌蛾触角丝状，雄蛾触角单栉齿状。前翅褐色至紫褐色，基部色较淡，翅尖突出呈钩状，其内侧有 1 个小白点，外缘中部呈圆弧形突出，后缘中部内凹成较深的圆弧形。

2. **卵**　扁球形，底面平，直径约 0.76 毫米，高约 0.6 毫米，顶部有 5~6 层花瓣状刻纹和 20 多条纵纹，中部有 40 多条纵纹，与横纹形成长格状花纹。初产时乳白色，后略变黄色，花纹变为褐色花斑，孵化前壳面变为深灰色，有褐色花斑。

3. **幼虫**　第 1 对腹足退化，第 2 对腹足较小，行动呈尺蠖状，共 6 龄。6 龄幼虫体长 50~58 毫米，头部灰褐色，有黄褐色斑点，头顶橘黄色，其前面两侧有 1 对黑斑，体灰褐色或暗褐色，杂有不明显花纹，有黑色亚背线、气门线和腹面的腹线，前胸背板及臀板黄褐色。

4. **蛹**　体长 18~23 毫米，红褐色至暗褐色，第 1~8 腹节背面刻点较密，第 5~8 腹节腹面刻点较稀。腹末较平截，上有 6 根角状臀刺。

【发生规律】

鸟嘴壶夜蛾在南方 1 年大多发生 4 代，以幼虫和蛹在背风向阳的木防己、汉防己等寄主植物基部或附近杂草丛中越冬。浙江黄岩各代发生期分别在 6 月上旬至 7 月中旬、7 月上旬至 9 月下旬和 8 月中旬至 12 月上旬，第 4 代至翌年 6 月中旬结束；8 月中旬至 11 月为害柑橘。在湖北武昌成虫从 5 月上旬开始至 11 月上旬止，为害果实历期 180 天。全年出现 4 次为害高峰，第 1 次在 5 月中旬，为害枇杷；第 2 次在 6 月下旬至 7 月中旬，为害桃及早熟梨、苹果；第 3 次在 8 月下旬，为害中、晚熟苹果、梨；第 4 次在 9 月下旬至 11 月上旬，为害柑橘，此次高峰多出现在气温在 20 ℃以上的年份，一般年份无明显高峰。重庆在 9 月下旬成虫开始为害柑橘，10 月中旬达到为害高峰，11 月上旬结束。在广东，鸟嘴壶夜蛾等为害柑橘的高峰在 9 月中下旬，比嘴壶夜蛾的为害高峰期要提早半个月左右，但至 9 月下旬以后，其虫口密度又明显下降。

成虫夜间活动，有一定趋光性。产卵前期 5~10 天，卵散产在果园附近木防己尖端嫩叶及嫩茎上，每一雌蛾可产卵 50~600 粒，其他活动、取食习性和发生环境与嘴壶夜蛾相似。幼虫孵化后先吃食卵壳再取食木防己叶肉，1~2 龄幼虫取食叶片留下一层表皮，3 龄后食叶成缺刻，甚至将整个叶片吃光。低龄幼虫有吐丝悬挂的习性，幼虫停食时体直伸，由于体色与枯枝相似，不易被发觉。幼虫和蛹的死亡率很高。

【防治方法】

参考嘴壶夜蛾。

一六　柑橘潜叶蛾

柑橘潜叶蛾 *Phyllocnistis citrella* Stainton 又名细潜蛾、划叶虫、绘图虫、鬼画符，属鳞翅目叶潜蛾科。

【分布与寄主】

国内分布于贵州、云南、四川、广西、湖南、广东、湖北、福建、安徽、江西、河南、江苏、浙江、陕西和台湾等省（区）；国外在印度、越南、日本、印度尼西亚、斯里兰卡及大洋洲也有分布。能为害所有柑橘属植物，在枳上也能完成个体发育。

【为害状】

潜叶蛾以幼虫潜食寄主嫩叶、果、茎皮下组织，蛀成银白色弯曲隧道。受害部分坏死而叶对应的一面不断增生，最后整叶呈现卷缩硬脆。新梢受害严重时也会扭曲，抽长弱，影响翌年结果。幼果被害后，后期在果皮表面出现伤痕，影响商品外观。被害叶

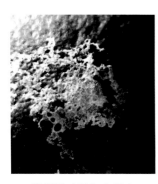

柑橘潜叶蛾为害果实　　　　　　柑橘潜叶蛾为害新梢

片常成为螨类等害虫的越冬场所，幼虫造成的伤口利于柑橘溃疡病菌的侵染为害。幼树和苗木受害，严重时影响树冠的扩大和商品苗的质量。

柑橘潜叶蛾为害新梢叶片

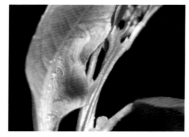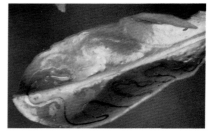

柑橘潜叶蛾为害叶片　　　　　　柑橘潜叶蛾在叶片为害状

【形态特征】

1.成虫　体长1.9~2.2毫米，翅展5.1~5.3毫米，全体呈白色。触角丝状。前翅细长，缘毛长而密，翅端尖细处有1个黑斑，翅中部有2条内斜黑纹，其下端近于闭合而呈"V"形纹。后翅针叶状，缘毛极长。各足胫节末端均有1个大型距，跗节5节，第1跗节最长。

2.卵　椭圆形，无色透明，大小为（0.4~0.5）毫米×（0.2~0.3）毫米。

3.幼虫　绿黄色。老龄幼虫体长4~5毫米，体扁平，头部尖，胸腹部每节背面在背中线两侧有 4 个凹孔，每侧 2 个。尾节末端具 1 对尖细的尾状突。

4. **蛹**　长纺锤形，初呈淡黄色，临羽化时转为深褐色，长约 3 毫米，宽约 0.6 毫米。外被黄褐色薄茧壳。腹部可见 7 节，1~6 节两侧各有 1 个瘤状突，瘤突上生 1 根长刚毛。头部和复眼深红色，将羽化时为黑红色。

【**发生规律**】

浙江 1 年发生 9~10 代，福建 1 年发生 11~14 代，广东、广西 1 年发生 15 代，世代重叠，多以幼虫和蛹越冬。均温 26~29 ℃时，13~15 天完成 1 代，幼虫期 5~6 天，蛹期 5~8 天，成虫寿命 5~10 天，卵期 2 天。16.6 ℃时 42 天完成 1 代。成虫昼伏夜出，飞行敏捷，趋光性弱，卵多散产在嫩叶背面主脉附近，每雌产卵 20~80 粒，多的达 100 粒。初孵幼虫由卵底潜入皮下为害，蛀道总长 50~100 毫米，蛀道中央有黑色虫粪。幼虫共 4 龄，3 龄为暴食阶段，4 龄不取食，口器变为吐丝器，于叶缘吐丝结茧，致叶缘卷起于内化蛹。

【**防治方法**】

1. **人工防治**　结合栽培管理及时抹芽控梢，摘除过早、过晚的新梢，通过水、肥管理使夏、秋梢抽发整齐健壮，是抑制虫源防治此虫的基本措施。

2. **保护释放天敌**　天敌有多种小蜂，优势种为橘潜蛾姬小蜂。

3. **药剂防治**　一般在新梢萌发不超过 3 毫米或新叶受害率达 5% 左右开始喷药，重点应在成虫期及低龄幼虫期进行。可喷 1.8% 阿维菌素乳油 4 000 倍液，5% 虱螨脲乳油 2 500 倍液，5% 氟啶脲乳油 3 000 倍液，0.3% 印楝素乳油 500 倍液，3% 啶虫脒乳油 1 000~2 000 倍液，10% 吡虫啉可湿性粉剂 3 000 倍液。间隔 5~10 天喷 1 次，连喷 2~3 次，重点喷洒树冠外围和嫩芽嫩梢。

一七 拟后黄卷叶蛾

拟后黄卷叶蛾 *Archips compacta* Meyrick 属鳞翅目卷叶蛾科黄卷蛾属。

【分布与寄主】

分布于广东、广西、四川等省（区）。寄生植物除柑橘外，还有茶叶、大豆等。

【为害状】

以幼虫为害嫩叶、花蕾和幼果。

拟后黄卷叶蛾幼虫（雄虫）

拟后黄卷叶蛾成虫（左雄右雌）

【形态特征】

成虫翅展雄虫长16~18毫米，雌虫长18~20毫米。全体黄褐色；唇须向上曲，内侧黄白色，外侧赤褐色。雄蛾前翅花纹较复杂，近基角深褐色，褐色中带由前缘2/5斜向后缘，顶角附近的端纹黑褐色，纹下方有一浅褐纹斜向后角，后缘近基角有近梯形深褐纹；后翅顶角前方没有黑色鳞毛。雌蛾翅底赤褐色，有褐色网状纹，前缘基部附近拱起，端纹处凹入，顶角向外向后突出；后翅浅赤褐色，基角浅黄，前缘顶角前方有一束黑色鳞毛。

【发生规律】

拟后黄卷叶蛾在广西桂林 1 年发生 6~7 代,有世代重叠现象；一般以幼虫在柑橘树上吐丝将 1 叶摺合或 3~5 叶缀合，并在其中越冬；第 1 代幼虫 4 月下旬至 5 月上中旬为害柑橘嫩叶和幼果，常常造成幼果脱落；6 月后又转害成年树和幼苗的嫩叶，常将 1 叶摺合或 3~5 叶缀合在一起，躲在其中为害；8 月下旬至 9 月初又转害成熟果实。

【防治方法】

参考拟小黄卷叶蛾。

一八　褐带长卷叶蛾

褐带长卷叶蛾 *Homona coffearia* Niet. 首次被发现在咖啡上为害，因而拉丁语学名称咖啡卷叶蛾。根据幼虫习性，果农称吐丝虫、跳步虫、裹叶虫，属鳞翅目卷叶蛾科。为害柑橘的卷叶蛾类，国内记录有 20 种。

【分布与寄主】

分布于贵州、广东、广西、云南、四川、安徽、福建、湖南、浙江和台湾等省（区）；南太平洋地区也有分布。寄主除柑橘外，还有咖啡、龙眼、荔枝、杨桃、柿、板栗、枇杷和银杏等植物。

【为害状】

在柑橘上啃食叶片、嫩梢、花蕾和蛀果，尤其以幼果和近成熟的果实受害最烈，造成减产。此虫是南方橘产区蛀果的几种主要害虫之一，为害程度趋于严重，应引起足够重视。

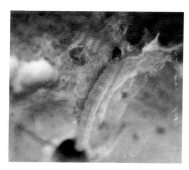
褐带长卷叶蛾幼虫为害橙子果实

褐带长卷叶蛾缀叶为害状

褐带长卷叶蛾雄成虫

【形态特征】

1. **成虫**　深褐色。雌虫长 8~10 毫米，前翅前缘中央前方斜向后缘中央后方，有深褐色宽带，翅基部黑褐色斑纹约占翅长的 1/5。雌虫翅盖超过腹部。雄前翅宽而短，前缘折向翅背卷折成圆筒形，翅面花纹与雌性同，翅较短仅盖腹部。

2. **卵**　卵粒淡黄色，大小为（0.8~0.85）毫米 ×（0.55~0.65）毫米，卵圆形。数十至百多粒卵产堆成卵块，卵块椭圆形，8 毫米 ×6 毫米，排列成鳞状，卵块外覆盖薄胶质膜，卵清楚可见。

3. **幼虫**　共 6 龄。5 龄幼虫长 12~18 毫米，头部褐色，前、中足黑色，后足浅褐色，体黄绿色。末龄幼虫长 20~23 毫米，头与前胸连接处有 1 条宽白带，气门近圆形，前胸气门略大于第 2~7 腹节气门而小于第 8 腹节气门。

【发生规律】

贵州 1 年发生 4 代，福建和广东等地 1 年发生 6 代，均以幼虫在橘树卷叶中越冬。贵州第 1、第 4 代幼虫为害果实，第 2、第 3 代幼虫为害嫩芽或当年生成熟叶片。第 1 代幼虫为害高峰期在 5 月中下旬至 6 月上旬，为害幼果，啃食表皮和中果皮。如有两果贴靠者，幼虫吐丝缠躲在两果间；如果与枝贴近，幼虫吐丝将枝果粘连，躲在其中；如果实附近无枝叶，则吐丝果面，躲于萼中。7月下旬至8月上旬第2代幼虫为害，8月下旬至9月中旬第3代幼虫为害。9月下旬至10月中旬，第4代幼虫蛀害果实。果实被害后，引起大量落果，或随果贮藏引起腐烂。11月下旬第4代幼虫卷叶越冬。

成虫多在9~10时（第4代幼虫化蛹所致）或清晨（2~3代蛾）羽化，日间静伏，傍晚交尾产卵。卵多产在叶面主脉附近，通常每蛾产1~3块，每个卵块少则数十粒，多则150~200粒。幼虫孵化后，短期爬行即吐丝随风飘移，分散为害。

幼虫体色随食料而异，一般食害果实的体色灰白，食害嫩叶的淡绿色，取食老叶的绿色。幼虫很活跃，受惊即向后跳跃，吐丝下坠逃逸，若遇敌则吐出暗褐色液。幼虫成熟后在被害叶苞中化蛹，或将邻近两片老叶叠置，在其间结薄茧化蛹。

【防治方法】

1. 冬季清园　结合修剪剪除虫枝，清扫枯枝落叶，铲除园内园边杂草，消灭在其中越冬的幼虫或蛹，以减少越冬虫口基数。

2. 摘卵捕虫　发生量不多的橘园，可在第1代卵和幼虫发生期，摘除卵块，振动树冠，捕杀幼虫；及时清除落果，阻止其中的幼虫迁至落叶上化蛹。

3. 药剂防治　幼虫发生初期可喷施含量为16 000国际单位/毫克的Bt可湿性粉剂500~700倍液，或25%灭幼脲悬浮剂1 500~2 000倍液，20%虫酰肼1 500倍液，2.5%绿色氯氟氰菊酯乳油2 000倍液。

一九　拟小黄卷叶蛾

拟小黄卷叶蛾 *Adoxophyes cyrtosema*（Meyrick）属鳞翅目卷叶蛾科。

【分布与寄主】

分布于广东、四川、贵州等省。寄主植物除柑橘外，还有荔枝、龙眼、杨桃、苹果、猕猴桃、大豆、花生、茶、桑和棉花等。

【为害状】

以幼虫为害柑橘新梢、嫩叶、花和果实，吃成孔洞或缺刻，引起幼果脱落，成熟果腐烂，影响产量和品质。

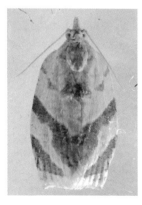

拟小黄卷叶蛾成虫

拟小黄卷叶蛾幼虫

【形态特征】

1. **成虫**　体黄色，长 7~8 毫米，翅展 17~18 毫米。头部有黄褐色鳞毛，下唇须发达，向前伸出。雌虫前翅前缘近基角 1/3 处有较粗而浓的黑褐色斜纹横向后缘中后方，在顶角处有浓黑褐色近三角形的斑点。雄虫前翅后缘近基角处有宽阔的近方形黑纹，两翅相合时成为六角形的斑点。后翅淡黄色，基角及外缘附近白色。

2. **卵**　椭圆形，纵径 0.8~0.85 毫米，横径 0.55~0.65 mm，初产时淡黄色，后渐变为深黄色，孵化前变为黑色，卵聚集成块，呈鱼鳞状排列，卵块椭圆形，上方覆胶质薄膜。

3. **幼虫**　初孵时体长约 1.5 毫米，末龄体长为 11~18 毫米。头部除第 1 龄幼虫黑色外，其余各龄皆黄色。前胸背板淡黄色，3 对胸足淡黄褐色，其余黄绿色。

4. **蛹**　黄褐色，纺锤形，长约 9 毫米，宽约 2.3 毫米，雄蛹略小。第 10 腹节末端具 8 根卷丝状钩刺，中间 4 根较长，两侧 2 根一长一短。

【发生规律】

该虫在湖南、江西、浙江等地 1 年发生 5~6 代，福建 1 年发生 7 代，广东、四川等地 1 年发生 8~9 代，田间世代重叠。它多以幼虫在卷叶或叶苞内越冬，但也有少数蛹和成虫越冬。该虫在广州地区于翌年 3 月上旬化蛹，3 月中旬羽化为成虫，3 月下旬开始出现第 1 代幼虫。幼虫在柑橘现蕾开花期钻蛀花蕾，使花不能结实。随后在柑橘的幼果期形成一个为害高峰（广东为 4~5 月，四川为 5~6 月），幼虫蛀食幼果，引起大量落果。幼虫可转换为害幼果，多的每头可为害十几个幼果。幼虫喜食较小的幼果，尤以幼果横径在 15 毫米左右时受害最重，横径 24 毫米以上时受害减轻。6~8 月，幼虫甚少蛀果，转而吐丝将嫩叶结苞为害，9 月果实近成熟时幼虫可再次蛀果为害，引起第 2 次落果。幼虫化蛹于叶苞间，成虫产卵于叶片正面，喜食糖、醋及发酵物。其卵期的天敌主要有松毛虫赤眼蜂，对它的寄生率可达 90%；幼虫期的天敌有绒茧蜂、绿边步行虫、食蚜蝇和胡蜂；蛹期天敌有广大腿小蜂、姬蜂和寄生蝇等，其中以广大腿小蜂发生普遍，寄生率高。

【防治方法】

1. **冬季清园** 冬季清除柑橘园杂草、枯枝落叶，剪除带有越冬幼虫和蛹的枝叶。

2. **摘卵捕虫** 生长季节巡视果园时随时摘除卵块和蛹，捕捉幼虫和成虫。捉到的幼虫和卵等可集中放在寄生蜂羽化器内，以保护天敌。

3. **诱杀** 成虫盛发期在橘园中安装黑光灯或频振式杀虫灯诱杀（每公顷可安装 40 瓦黑光灯 3 支）。也可用 2 份红糖、1 份黄酒、1 份醋和 4 份水配制成糖醋液诱杀。

4. **生物防治** 第 1、2 代成虫产卵期释放松毛虫赤眼蜂或玉米螟赤眼蜂来防治，每代放蜂 3~4 次，间隔期 5~7 天，每公顷放蜂量为 30 万 ~40 万头。

5. **药剂防治** 幼果期和 9 月前后如虫口密度较大，可用药剂防治，100 亿个 / 克青虫菌（Bt）1 000 倍液、200 亿个 / 克白僵菌 300 倍液、10% 吡虫啉可湿性粉剂 3 000 倍液、1.8% 阿维菌素乳油 3 000~4 000 倍液、25% 除虫脲可湿性粉剂 1 500~2 000 倍液、20% 中西杀灭菊酯（氰戊菊酯）乳油或 2.5% 溴氰菊酯乳油 2 000 倍液均可。

二〇   大造桥虫

大造桥虫 *Ascotis selenaria* Schiffermuller et Denis，别名尺蠖、步曲，属鳞翅目尺蛾科。

【分布与寄主】

主要分布在浙江、江苏、上海、山东、河北、河南、湖南、湖北、四川、广西、贵州、云南等地。寄主为棉花、枣、柑橘、梨及一串红、月季、萱草、万寿菊、黄杨等。

【为害状】

幼虫食芽叶及嫩茎，呈缺刻或仅留下叶脉。

大造桥虫羽化

大造桥虫幼虫咬食叶片

【形态特征】

1. **成虫**   体长 15~20 毫米，翅展 38~45 毫米，体色变异很大，有黄白、淡黄、淡褐、浅灰褐色，一般为浅灰褐色，翅上的横线和斑纹均为暗褐色，中室端具 1 条斑纹，前翅亚基线和外横线锯齿状，其间为灰黄色，有的个体可见中横线及亚缘线，外缘中部附近具 1 个斑块；后翅外横线锯齿状，其内侧灰黄色，有的个体可见中横线和亚缘线。雌触角丝状，雄触角羽状，淡黄色。

2. **卵** 长椭圆形，青绿色。

3. **幼虫** 体长38~49毫米，黄绿色。头黄褐色至褐绿色，头顶两侧各具1个黑点。背线淡青色至青绿色，亚背线灰绿色至黑色，气门上线深绿色，气门线黄色杂有细黑纵线，气门下线至腹部末端淡黄绿色。第3、第4腹节上具黑褐色斑，气门黑色，围气门片淡黄色。胸足褐色；腹足2对生于第6、第10腹节，黄绿色，端部黑色。

4. **蛹** 长 14 毫米左右，深褐色有光泽，尾端尖，臀棘 2 根。

【发生规律】

长江流域年 1 发生 4~5 代，以蛹于土中越冬。各代成虫盛发期为 6 月上中旬、7 月上中旬、8 月上中旬、9 月中下旬，有的年份 11 月上中旬可出现少量第 5 代成虫。第 2~4 代，卵期 5~8 天，幼虫期 18~20 天，蛹期 8~10 天，完成 1 代需 32~42 天。成虫昼伏夜出，趋光性强，羽化后 2~3 天产卵，多产在地面、土缝及草秆上，大发生时枝干、叶上都可产，数十粒至百余粒成堆，每雌可产 1 000~2 000 粒，越冬代仅 200 余粒。初孵幼虫可吐丝随风飘移传播扩散。10~11 月以末代幼虫入土化蛹越冬。

【防治方法】

1. **药剂防治** 幼虫发生期用每毫升含 120 亿个孢子的 Bt 乳剂 300 倍液或含 4 000 单位的 HD-1 杀虫菌粉 200 倍液喷雾。

2. **生物防治** 在产卵高峰期投放赤眼蜂蜂包也有很好防效。

二一　柑橘尺蠖

柑橘尺蠖 *Buzura suppressaria* benescripta Prout 为油桐尺蠖变种，又名海南油桐尺蠖，属鳞翅目尺蠖蛾科。

【分布与寄主】

分布于广东、广西和福建等省（区）。寄主植物除柑橘类外，还有油桐树、茶树、台湾相思树等。

【为害状】

孵化的幼虫即吐丝飘移，分散在附近的叶尖上，取食叶尖背面叶肉，使叶尖变成黄褐色，受害严重时，叶尖似火烧状。高龄幼虫食量大，新叶老叶均被咬食，只存主脉，严重发生时，全株叶片被吃光，只存秃枝，成"扫帚"状。

柑橘尺蠖幼虫

柑橘尺蠖成虫

柑橘尺蠖卵块

【形态特征】

1. 成虫　雌蛾体长 22~25 毫米，翅展 60~65 毫米；雄蛾体长 19~21 毫米，翅展 52~55 毫米。灰白色。雌蛾触角呈丝状，雄蛾触角呈羽毛状。前翅白色，杂有疏密不一的灰黑色小点。自前缘至后缘有 3 条黄褐色和灰黑色混杂的波状条纹，翅外缘 1 条较深，翅基 1 条黄褐色明显，雄蛾中间 1 条较淡。

2. 卵　蓝绿色，孵化前转为黑色。椭圆形，直径 0.7~0.8 毫米。卵块椭圆形或长椭圆形，卵粒重叠成堆，上覆盖黄褐色绒毛。

3. 幼虫　体长 60 毫米。初孵幼虫深灰褐色，蜕皮后至 3 龄期呈淡黄绿色。4 龄以后至老熟幼虫体色可因取食环境不同而变色，有深灰褐色、灰绿色和青绿色。头部密布棕色小斑点，头部中央向下凹。胸足 3 对，腹部第 6 节有腹足 1 对。气门紫红色。

4. 蛹　长 22~26 毫米，黑褐色，有光泽。蛹的大小视各代的食料而异。雌蛹稍大，腹部末节具臀棘，臀棘基部两侧各有 1 个突出物，突出物之间有许多凹凸纹。

【发生规律】

柑橘尺蠖在广东 1 年发生 3~4 代，广西和福建 1 年发生 3 代。以蛹越冬。广东的越冬蛹羽化于 3 月中旬至下旬，幼虫食新梢叶片，化蛹于 5 月中旬，成虫盛发期在 6 月上中旬。6 月下旬至 7 月上旬为第 2 代幼虫盛发期，8 月上旬是第 3 代幼虫期，第 4 代幼虫出现在 9 月下旬。10 月在橘园仍有幼虫为害。以第 2 代和第 3 代为害最烈，常使大片橘园叶光柱秃，树体变弱。

成虫有弱趋光性，昼伏夜出。白天栖息在防风林树干、柑橘树树干或叶片上，晚上交尾，在叶面或叶背产卵，有时产在防风林的树皮裂缝处。每雌产卵一块，每块卵有 1 500~3 000 粒，重叠成堆。卵块椭圆形，上有绒毛覆盖。成虫寿命 5 天左右。卵期

7~11 天，幼虫 5 龄。1~2 龄幼虫喜食嫩叶，3 龄幼虫将叶片食成缺刻，4 龄以后，幼虫食量骤增，每天每虫能食柑橘叶 8~12 片，把新叶、老叶的叶肉吃光，只存主脉。在与虫体大小相似的枝杈处搭桥停息，体色随枝条或叶色而变化，粪便粒状、椭圆形，排粪量大。化蛹前幼虫沿树干而下或吐丝下坠入土，在主干周围 70~80 厘米范围内、土深 1~3 厘米处化蛹。

【防治方法】

1. **捕打成虫**　成虫羽化期，在大雨后羽化出土的蛾多，蛾子栖息在防风林或柑橘树的树干上，飞翔力较差，可用竹竿扎几条小竹枝进行捕打。捕打成虫应在产卵前。

2. **捡除虫蛹**　每代幼虫化蛹后，可在柑橘树主干 80 厘米的范围内翻开泥土，捡出虫蛹集中深埋。在防风林的树干周围，也常有化蛹，应结合挖除。

3. **捉除幼虫**　经常检查柑橘园，发现幼虫为害随时捉除；少数幼虫藏匿树冠内，可以随虫粪顺查，及时捉除。

4. **药剂防治**　防治 1~2 龄尺蠖幼虫，是喷药防治的关键期，一般可选用 25% 灭幼脲 2 000 倍液，或 80% 敌敌畏乳油 800 倍液进行喷布；防治高龄幼虫，选用拟除虫菊酯类杀虫剂农药喷布，均有很好的防效。青虫菌 150 亿 ~300 亿孢子 / 克粉剂 1 000~1 500 倍液喷布防治效果明显。

二二 柑橘凤蝶

柑橘凤蝶 *Papilio xuthus* L. 又名花椒凤蝶、橘黑黄凤蝶、橘凤蝶、黄菠萝凤蝶、黄檗凤蝶等，果农俗称黑蝴蝶、伸角虫（幼虫臭角），属鳞翅目凤蝶科。

【分布与寄主】

国内各橘产区几乎都有分布；国外在朝鲜、日本有分布。主要为害柑橘、甜橙和柚，有时也食枳叶。此外，还可为害花椒等一些芸香科植物。

【为害状】

柑橘凤蝶以幼虫取食橘株幼嫩叶片，呈缺刻或仅留下叶脉，影响枝梢正常生长。幼苗被害后，有碍植株长高。

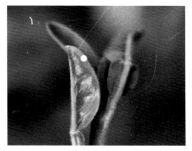

柑橘凤蝶卵

柑橘凤蝶成虫

柑橘凤蝶低龄幼虫

柑橘凤蝶幼虫

柑橘凤蝶蛹

【形态特征】

1. 成虫　分春型和夏型两种。夏型体大,黑色;春型淡黑褐色。雌虫体长 26~28 毫米,翅展约 95 毫米;雄虫体长约 24 毫米,翅展约 85 毫米。两型前翅斑纹相同,后翅色斑略异。虫体背部有纵行宽大的黑带纹,两侧有黄白色带状纹。

2. 卵　近球形,直径 1.2~1.5 毫米,初黄色后变深黄色,孵化前紫灰色至黑色。

3. 幼虫　幼龄幼虫头尾黄白色间绿褐色,极似鸟粪。老熟幼虫体表光滑,长 38~42 毫米。头细小,绿色,后胸背面两侧有蛇眼纹,中央有 4 个眼状突。胸、腹两侧近气门线有白色纵斑 1 列。腹部第 1、第 2 腹节连接处有墨绿色环带,第 4~6 节各有斜行墨绿色条纹 1 条,前者在背中线处常汇合成"V"形。

4. 蛹　长 30~32 毫米,菱角形,淡绿色,待孵化时呈暗褐色。头棘 1 对分叉向前伸,胸背棘 1 枚,角突尖向前伸。

【发生规律】

柑橘凤蝶 1 年发生 3~6 代。以蛹在枝条上越冬,翌年 5 月下旬（贵州、浙江）开始羽化，称春型；第 2 代 8 月出现，称夏型；第 3 代 9 月中下旬出现，以老熟幼虫爬在枝梢上化蛹越冬。橘园成虫和幼虫数量最多的是第 2 代。中国台湾 1 年发生 6 代。成虫日间活动，卵散产于嫩叶尖、叶缘或叶背面。初孵幼虫取食嫩叶，将叶咬成小孔。随虫体长大，叶被咬成缺齿形，老龄幼虫一日能食几片叶。幼虫受惊时，由前胸前缘伸出黄色或橙黄色肉质臭角，放出强烈臭气驱敌。老熟幼虫吐丝做垫，以尾足钩住丝垫，然后吐丝缠绕胸、腹而化蛹。蛹与枝叶近于同色，起自然保护色作用。

【防治方法】

1. **人工捕捉**　冬季结合清园，清除越冬虫蛹。在柑橘各次抽梢期，结合橘园及苗圃管理工作，捕杀卵、幼虫和蛹，或网捕成虫。

2. **药剂防治**　幼虫发生多时，在 3 龄前或结合防治其他害虫，喷洒下列药剂：25% 灭幼脲悬浮剂 1 500~2 000 倍液，20% 虫酰肼 1 500 倍液，1.8% 阿维菌素 3 000 倍液，2.5% 绿色氟氯氰菊酯 2 000 倍液，青虫菌或苏云金杆菌（100 亿 / 克）1 000~2 000 倍液加 0.1% 洗衣粉，以及多种菊酯类药剂防治。

3. **生物防治**　利用和保护赤眼蜂、凤蝶小金蜂等柑橘凤蝶的自然天敌，从而达到控制柑橘凤蝶为害的扩散。可将捕捉的蛹放置在园内避风雨处，罩上纱网，使寄生蜂羽化飞出，以防治虫害。

二三 玉带凤蝶

玉带凤蝶 *Papilio polytes* L. 又名白带凤蝶、黑蝴蝶，属鳞翅目凤蝶科。

【分布与寄主】

分布于贵州、四川、湖南、广西、云南、广东、湖北、江西、安徽、江苏、浙江、福建、陕西和台湾。在全国各柑橘产区均有分布，长江以南极为常见。幼虫以桔梗、柑橘类、双面刺、过山香、花椒、山椒等芸香科植物的叶为食。

【为害状】

幼虫将叶食成缺刻或孔洞，严重时仅剩下叶柄。

【形态特征】

1. **成虫** 为大型黑色蝶。体长 30~32 毫米，翅展 90~95 毫米。雄虫前翅外缘有 7~9 个黄白色弯月斑，由前向后渐大。后翅中部中室外有 7 个大型黄白色斑，横列达前后缘，两翅白斑连接成玉

玉带凤蝶成虫（左雌右雄）

玉带凤蝶高龄幼虫

带状，故得名。

2. **卵** 球状，直径 1.2 毫米，初产时淡黄色，近孵化时灰黑色。与柑橘凤蝶卵不易区别。

3. **幼虫** 共 5 龄，各龄体色变化大。老龄幼虫体长 36~45 毫米，绿色。头黄褐色，后胸前缘有 1 个黑色齿状纹，第 2 腹节前缘有 1 条黑带，第 4、第 5 腹节两侧有斜形黑褐色间黄绿色和紫灰色等混色斑点花带 1 条，第 6 腹节两侧下方有 1 条近似长方形的黑色花带。臭腺角紫红色。

4. **蛹** 较柑橘凤蝶稍大，形状相似，长 32~34 毫米，暗绿褐色。头棘黄色，呈牛角状或锥状，1 对，向前突伸。胸背部高度隆起如小丘，胸腹相连处向背面弯曲。

【发生规律】

玉带凤蝶 1 年发生 4~6 代，以蛹越冬。广东、福建等地 1 年发生 6 代，浙江黄岩则发生 5 代，第 1 代 5 月中旬至 6 月上旬，第 2 代 6 月下旬至 7 月上旬，第 3 代 7 月下旬至 8 月上旬，第 4 代 8 月下旬至 9 月中旬，第 5 代 9 月下旬至 10 月上旬，并以此代蛹越冬。成虫飞翔力强，白天飞舞追逐于园间和庭院中，大多在上午 9~12 时交尾，交尾后当天或隔天即可产卵。卵散产在柑橘嫩叶及嫩梢顶端，每只雌蝶可产卵 5~48 粒。幼虫孵化后咬食嫩叶，3 龄后食量增大，其他习性与柑橘凤蝶相似。

【防治方法】

参考柑橘凤蝶。

二四 花潜金龟

花潜金龟 *Oxycetonia jucunda* bealiae Gory et Pereh 又名大斑青花龟、红斑花金龟，也是为害柑橘的常见种之一，属鞘翅目花金龟科。

【分布与寄主】

各橘产区都有分布。寄主植物有柑橘、苹果、梨、刺梨、金丝桃、菊科杂草、玉米、红三叶草、甘蓝等。

【为害状】

花潜金龟在柑橘类开花的 4~5 月迁飞橘园，白天取食，活动于花中，咬食花瓣、花丝、子房和花柄。温州蜜橘、甜橙和柚类花朵被啃食后，不能结实。有时短果枝上的花朵全部被害，虫量大时对产量有一定影响。

花潜金龟为害状

【形态特征】

成虫形态与小青花金龟极相似，体长 12~13 毫米，宽约 6 毫米，但翅上斑纹较简单，多见黄色、褐色或红褐色。体黑色、墨绿色、青绿色均有。黑色者，前胸背板从前缘中部至后缘中部有 1 条 1 毫米长的宽纵带，后缘及两侧缘后顶角也有楔形宽带与之相连，形成 1 个大型"山"字形斑，红褐色。鞘翅中部具 1 个由外顶向合缝线倾斜的近肾形大黄褐斑，背观两翅上的黄褐斑组成宽倒"八"字形。在黄褐斑外缘下角，另有 1 个楔形黄斑相垫。

【发生规律】

花潜金龟1年发生1代，在北方以幼虫越冬，在江苏以幼虫、蛹及成虫越冬。以成虫越冬的翌年4月上旬出土活动，4月下旬至6月盛发；以末龄幼虫越冬的，成虫于5~9月陆续出现，雨后出土多。安徽8月下旬成虫发生数量多，10月下旬终见。成虫白天活动，春季10~15时，夏季8~12时及14~17时活动最盛，春季多群聚在花上，食害花瓣、花蕊、芽及嫩叶，致落花。成虫喜食花器，故随寄主开花早迟转移为害。成虫飞行力强，具假死性；风雨天或低温时成虫常栖息在花上不动，夜间入土潜伏或在树上过夜，成虫经取食后交尾、产卵。卵散产在土中、杂草或落叶下。尤喜产卵于腐殖质多的场所。幼虫孵化后以腐殖质为食，长大后为害根部，但不明显，老熟后化蛹于浅土层。

【防治方法】

参考白星花金龟。

二五　白星花金龟

白星花金龟 *Potosia*（*Liocola*）*brevitarsis* Lewis 又名白纹铜花金龟、白星花潜、白星金龟子、铜克螂，属鞘翅目花金龟科。

【分布与寄主】

分布于全国各地。成虫可取食柑橘、玉米、果树、蔬菜等多种农作物。

【为害状】

主要以成虫咬食寄主的花、花蕾和果实，为害有伤痕的或过熟的柑橘、梨、桃和苹果等，吸取多种树木伤口处的汁液。影响寄主开花、结实，严重降低果实品质。

白星花金龟成虫

【形态特征】

1. **成虫**　体长 20~24 毫米，宽 13~15 毫米，上下略扁平，体壁特别硬，全体古铜色带有绿紫色金属光泽。中胸后侧片发达，顶端外露在前胸背板与翅鞘之间。前胸背板有斑点状斑纹，翅鞘表面有云片状由灰白色鳞片组成的斑纹。

2. **幼虫**　老熟幼虫体长约 50 毫米，头较小，褐色，胴部粗胖，黄白色或乳白色。胸足短小，无爬行能力。肛门缝呈"一"字形。覆毛区有两短行刺毛列，每列由 15~22 条短而钝的刺毛组成。

【发生规律】

1年发生1代，以中龄或近老熟幼虫在土中越冬。成虫每年6~9月出现，7月初至8月中旬为发生为害盛期。成虫将卵产在腐草堆下、腐殖质多的土壤中、鸡粪里，每处产卵多粒。幼虫群生，老熟幼虫5~7月在土中做蛹室化蛹。成虫昼夜活动为害。幼虫不用足行走，将体翻转借体背体节的蠕动向前行进。不为害寄主的根部。

成虫在柑橘、苹果、梨、桃、杏、葡萄园内可昼夜取食活动。成虫的迁飞能力很强，一般能飞5~30米。具有假死性、趋化性、趋腐性、群聚性，没有趋光性。成虫产卵盛期在6月上旬至7月中旬，成虫寿命92~135天。

【防治方法】

1. 农业防治 将果园内的枯枝落叶清扫干净并集中深埋，尽量减少白星花金龟的越冬场所。白星花金龟发生特别严重的果园，在深秋或初冬深翻土地，减少越冬虫源，一般能压低虫量15%~30%。避免施用未腐熟的厩肥、鸡粪等。

同一园区尽量选种同一品种，生育期基本一致，实施统防统治，能有效减轻白星花金龟的为害。

2. 果实套袋 由于塑料袋为果实提供了天然屏障作用，可减轻为害。

3. 人工捡拾成虫 在成虫发生盛期，白星花金龟会大量群集在腐烂或有伤口的果实上为害，此时可借白星花金龟成虫的假死性，用方便袋套在有大量成虫聚集的果实上，连同腐烂果实一起摘下，消灭成虫，减轻为害。对树冠比较高大的果园，可在地上铺一张塑料布，借助白星花金龟成虫的假死性，用竹竿振落，集中处理。

4. **糖醋液诱杀**　在成虫发生盛期，将白酒、红糖、食醋、水、90% 敌百虫晶体按 1 ∶ 3 ∶ 6 ∶ 9 ∶ 1 的比例在盆内拌匀，配成糖醋液，放在树行间，用木架架起，高度与果树中间节位相当。15 天调配更换 1 次液体，诱蛾效果好，糖醋液还能诱杀其他害虫。

5. **化学防治**

（1）药剂处理土壤：在白星花金龟发生严重的果园，于 4 月下旬至 5 月上旬成虫羽化盛期前，用 3% 的辛硫磷颗粒剂 75~120 千克 / 公顷，混细干土 750 千克 / 公顷，均匀地撒在地表，深耕耙地 20 厘米，可防治即将羽化的蛹及幼虫，也可兼治其他地下害虫。

（2）药剂喷雾：在白星花金龟成虫为害盛期，用 50% 辛硫磷乳油 1 000 倍液、80% 敌百虫可溶性粉剂 1 000 倍液、48% 毒死蜱乳油 1 500 倍液、20% 甲氰菊酯乳油 2 000 倍液或 50% 辛硫磷 1 000 倍液 +5% 高效氯氰菊酯 2 000 倍液喷雾防治。

二六　小绿象甲

小绿象甲 *Platymycteropsis mandarinus* Fairmaire 属鳞翅目象甲科。

【分布与寄主】

分布于广东、广西、福建、江西、湖南、湖北、陕西等省（区）。寄主有柑橘、桃、李、板栗等果树及大豆、花生、棉花、桑、油桐等经济作物。

【为害状】

成虫为害叶片，可咬成缺口或缺孔。有时在叶柄上留下叶脉和少量残缘，幼果有时也受害。

小绿象甲为害柑橘叶片

小绿象甲为害柑橘叶片

【形态特征】

成虫体长 5~9 毫米，宽 1.8~3.1 毫米。体长椭圆形，密被淡绿色或黄褐色发绿的鳞片。头喙刻点小，喙短，中间和两侧具细隆线，端部较宽。鞘翅卵形，背面密布细而短的白毛，每鞘翅上各有由10条刻点组成的纵沟纹。足红褐色，腿节颇粗，具很小的齿。

【发生规律】

小绿象甲在福建和广西1年发生2代，以幼虫在土中越冬。第1代成虫于4月底至5月初出土活动，5月底至6月初为发生盛期。第2代成虫于7月下旬出现，8月中旬至9月下旬为发生盛期。成虫常群集为害，有假死习性，振动受惊时立即掉落地面。

【防治方法】

1. **人工防治**　在成虫发生期，利用其假死性、行动迟缓、不能飞翔的特点，于9时前或16时后进行人工捕捉，先在树下铺塑料布，振落后收集处理。

2. **在成虫发生初期防治**　于傍晚在树干周围地面喷洒50%辛硫磷乳剂300倍液，或喷洒48%毒死蜱乳油800倍液，90%晶体敌百虫每株成树用药15~20克。施药后把匀土表或覆土，毒杀羽化出土的成虫。

3. **树上喷药**　成虫发生期，于树上喷洒48%毒死蜱乳油1 000倍液，或2%阿维菌素2 000倍液。

二七　绿鳞象甲

绿鳞象甲 *Hypomeces squamosus* Fabricius 又称蓝绿象、大绿象虫、绿绒象甲、绿鳞象虫，属鞘翅目象虫科。

【分布与寄主】

绿鳞象甲在国内分布于内蒙古、河北、河南、安徽、江苏、江西、浙江、福建、台湾、广东、广西、云南、四川、湖南等省（区）。寄主植物有柑橘、苹果、梨、桃、李、梅、枣、核桃、杧果、龙眼、柠檬、油茶、茶树、榆、朴、松、杉等多种果树和经济林木。

【为害状】

此虫以成虫咬食寄主的叶片和幼芽，将叶或芽咬成许多缺刻和孔洞，使其残缺不全；也能食害花，咬断嫩梢及果柄，造成落花落果，影响产量和品质。

绿鳞象甲成虫（绿色型）

绿鳞象甲成虫（灰色型）

绿鳞象甲成虫（褐色型）

【形态特征】

1. **成虫** 体长 13~18 毫米，略呈梭形，肥大而扁。由于体表有绿、黄、棕、灰等闪闪发光的鳞片和灰白色的绒毛，所以成虫的体色就多变，但以粉绿色、粉黄色和灰黑色为多。鞘翅肩部宽于前胸基部，向后渐变窄，在端部缩成上下 2 个锐突，上面的较大，鞘翅面有由深大刻点组成的 10 条纵沟纹，但多为鳞片所遮盖。

2. **卵** 椭圆形，长 1.0~1.2 毫米，淡黄白色，孵化前暗黑色。

3. **幼虫** 老熟幼虫体长 15~18 毫米，体肥多皱纹，向腹面弯曲成镰刀状，乳白色，无足。

4. **蛹** 体长 14~17 毫米，黄白色，裸蛹，头管弯向腹面。

【发生规律】

绿鳞象甲 1 年发生 1~2 代，以成虫和幼虫在土中越冬。广东省广州市终年可见成虫为害。在福建省福州市，越冬成虫在翌年 4 月中旬出土活动，6~8 月为成虫发生盛期，8 月中旬锐减，10 月下旬绝迹。5 月初到 9 月下旬成虫均可产卵，5 月中旬至 10 月上旬幼虫先后孵化，9~10 月老熟幼虫陆续化蛹，以后有部分羽化为成虫。9 月下旬羽化的成虫，个别尚能出土活动，但当年不产卵，10 月羽化的成虫即在土室内蛰伏越冬。以幼虫越冬的在春暖后才化蛹。成虫羽化后在土中蛰伏数日，然后出土爬到植株枝梢上，群集为害新梢嫩叶。

成虫白天活动和取食，尤以午后至黄昏时比较活跃，夜间至清晨到中午前后均不甚活跃，常在叶背隐伏。活动力不强，飞行力很弱，善爬不善飞，有群集性和假死性，受惊即落地装死。成虫一生能交尾多次，多在黄昏到晚间进行。卵单粒散产在寄主叶片上，也有的产在植株附近 10~15 厘米的疏松表土内或落叶下。产卵期很长，57~98 天。每头雌虫能产卵 70~90 粒。幼虫孵化后落地或就近入土在 10~15 厘米的土内生活，中龄幼虫可在深达 65 厘米的土层中，取食果树及杂草的须根或腐殖质，直到越冬。8 月以前孵出的幼虫期是 50~130 天，9 月孵出的幼虫期更长，一般都在 200 天以上。幼虫老熟后在 6~10 厘米的表土层中做蛹室化蛹。各虫态的历期为卵期 7~15 天，幼虫期 50~250 天，蛹期 12~25 天，成虫期 60~180 天以上。

【防治方法】

1. **人工捕杀**　利用成虫的假死习性，在被害果树下铺塑料薄膜，振动被害的果树，收集掉落的成虫，然后集中处理，此法常在成虫出土高峰期 4~5 月进行。

2. **清洁果园**　结合果园和周围田间的中耕除草，冬春翻动表土层，并深埋枯枝落叶，可杀灭许多卵、幼虫、蛹和成虫。

3. **胶环黏杀**　用桐油加火熬制成牛胶糊状，刷在树干基部，横刷环带宽约 10 厘米，象甲上树即被黏住，如能间隔 5~7 天再人工清除 1 次环带更佳。此胶在常温下可保持 2 个月不干，胶黏性不减。此法还可兼防星天牛和上树的老鼠。

4. **药剂毒杀**　由于绿鳞象甲的抗药力较强，药剂防治的效果一般并不理想，应贯彻早治、连续治的原则。防治成虫可用 80% 敌敌畏乳油 800~1 000 倍液，或 50% 杀螟松乳剂 800 倍液，或 50% 马拉硫磷 800 倍液喷雾。也可选用 2.5% 氯氟氰菊酯乳油 2 000~2 500 倍液、12.5% 虫螨腈 +2.5% 高效氟氯氰菊酯乳油 2 500 倍液。

二八　　柑橘斜脊象甲

　　柑橘斜脊象甲 *Platymycteropsis mandarinus* Fairmaire 属鞘翅目象甲科。

【分布与寄主】

　　国内陕西、湖北、江西、湖南、福建、广东、广西等省（区）有分布；国外在越南也有分布。为害柑橘、果木及花生、大豆、棉花等作物。

【为害状】

　　以成虫咬食寄主的叶片和幼芽，将叶片咬成许多缺刻和孔洞，使其残缺不全，也能食害花、果柄，造成落花落果。

柑橘斜脊象甲

【形态特征】

　　成虫体长 5~5.7 毫米，身体长椭圆形，凸隆，密被淡绿色或黄褐发绿的鳞片。喙较细，隆线。触角和足红褐色。前胸梯形，略窄于鞘翅基部。小盾片很小。鞘翅卵形，肩倾斜。

【发生规律】

　　在福建 1 年发生 1 代，以幼虫在土中越冬。

【防治方法】

　　一般防治其他害虫可兼治此虫。

二九　柑橘灰象甲

柑橘灰象甲 *Sympiezomia citre* Chao 又名柑橘大象甲、灰鳞象鼻虫，俗称长鼻虫，属鞘翅目象甲科，是在国内记录的 24 种为害柑橘的象甲中，为害比较严重的一种。

【分布与寄主】

分布于贵州、四川、福建、江西、湖南、广东、浙江、安徽和陕西等省。除为害甜橙、柑橘、柚类植物外，还为害桃、茶、枣、龙眼、桑、茉莉和棉等果园附近的许多植物。

【为害状】

成虫为害新梢嫩叶，将叶片咬出缺口或缺孔。有时在叶柄上留下叶脉和少量残缘，幼果有时也受害，果皮被啮食呈凸凹不平的缺刻，后期愈合部成为"伤疤"。果皮被害与卷叶蛾幼虫为害相似，

柑橘灰象甲

柑橘灰象甲成虫

柑橘灰象甲为害状

但啮伤部面积比较小。

【形态特征】

1. **成虫**　雌成虫较雄成虫大，体长9.3~12.3毫米，宽3.5~5.5毫米；雄成虫长8~10毫米，宽3~4毫米，体密生灰白色至浅褐色鳞毛，无光泽。鞘翅基部灰白色，中部具1条灰白色横带，翅面具10行刻点沟，行间着生倒伏状短毛。

2. **卵**　细长圆筒形，略扁，长1.1~1.4毫米，宽0.3~0.4毫米。初产时乳白色，孵化前浅紫黑色。卵粒单层黏结成大小不等的卵块。

3. **幼虫**　老熟幼虫长11.2~13.5毫米，乳白色至淡黄色。头部黄褐色，头盖缝中央强烈内陷。体节可辨认出11节，前胸节及1~8腹节气门褐色而明显。

4. **蛹**　淡黄色，长8~12毫米，宽3.5~5毫米。头管向胸前弓弯，上颚呈宽叶状如钳剪隐埋于喙端。前胸背板隆起，中胸后缘稍凹，背面具6对短刚毛。腹背面各节横列6对刚毛，末端两侧具1对黑褐色直伸的棘刺。

【发生规律】

1年发生1代，一般地区以成虫越冬。福建省福州、闽侯和贵州省罗甸、望谟等低温县橘产区，以成虫和少量幼虫越冬。越冬成虫翌年3月底至4月中旬出土，在地面爬行上树，食嫩春梢叶、茎或幼果皮补充营养。上午10时前，成虫躲在卷叶或花间静息，中午气温升高时取食，交尾产卵，假死性强，受惊即落地。交尾期多在出土后10天左右，有多次交尾习性，傍晚和清晨交尾者居多，此后3~4天产卵。卵产在两嫩叶或当年生成熟叶片相叠的夹缝处，十余粒至四五十粒不等，每头雌虫一生可产数百粒卵。成虫产完卵后，用分泌的胶质将两叶和卵块相互黏合，产卵期一般集中在 5~7 月。卵历期受温度支配，当气温为 22 ℃左右时卵历期 11~12 天，24~25 ℃时卵历期 7~9 天，28~32 ℃时卵历期仅 5~6 天。幼虫孵化后即落地入土，在 3~5 厘米处取食腐殖质和橘园杂草须根，共 6 龄。幼虫期最长，出土时间很不一致。蛹栖深度为 10~15 厘米，预蛹期约 8 天，蛹期约 20 天。成虫羽化后，在蛹室中越冬数月。

【防治方法】

1. **人工捕杀**　在成虫出土高峰期的 4 月上中旬，根据其受惊坠地习性，在树下铺塑料布，摇树拾虫杀灭。

2. **物理防治**　春季 3 月中旬成虫上树前，用胶环包扎树干，或直接将胶涂在树干上，防止成虫上树，并逐日将诱集在胶环下面的成虫消灭。但要注意胶环有效持续时间，及时更换新环。

3. **药剂防治**　发生数量多时，成虫上树前或上树后产卵前防治，可喷施 45%马拉硫磷乳油 1 500 倍液，5%顺式氯氰菊酯乳油 2 500 倍液，10%高效氯氰菊酯乳油 3 000 倍液，2.5%溴氰菊酯乳油 2 500 倍液，对成虫有效。

三〇 星天牛

为害柑橘的天牛，国内记录有 49 种，星天牛 *Anoplophora chinensis* Fors. 是最常见、为害较重的几种天牛之一，橘农俗称盘根虫、花牯牛、牵牛郎、抢脚虫、蛀基虫等，属鞘翅目天牛科。

【分布与寄主】

国内分布于贵州、广西、湖南、四川、云南、辽宁、河北、山东、山西、陕西、安徽、甘肃、江苏、广东、浙江、江西、福建和台湾等省（区）；国外分布于日本、朝鲜、缅甸等国。寄主很杂，除柑橘外，还有苹果、梨、樱桃、枇杷、无花果、花红、刺槐、苦楝、白杨、柳、桑、榆等植物。

【为害状】

幼虫一般蛀食较大植株的基干，在木质部乃至根部为害，树干下有成堆虫粪，使植株生长衰退乃至死亡。成虫咬食嫩枝皮层，形成枯梢，也食叶成缺刻状。

星天牛成虫

星天牛成虫在柑橘树上交尾

星天牛低龄幼虫在柑橘树皮　　　　　　星天牛幼虫
层内为害排出少量虫粪

星天牛幼虫为害柑橘树干

【形态特征】

1. **成虫**　漆黑色具光泽，体长 26~40 毫米，宽 6~14 毫米。雄虫触角倍长于体，雌虫稍过体长。基部有显著颗粒，肩后有刻点，短竖毛极稀少而不明显，翅面上具较小的白色绒毛斑，一般15~20 个，隐约排列成不整齐的 5 横列。

2. **卵**　长圆筒形，长 5.6~5.8 毫米，宽 2.9~3.1 毫米，中部稍弯，乳白色，孵化前暗褐色。

3. **幼虫**　老龄幼虫体长 60~67 毫米，乳黄色，头部前端黑褐色。前胸背板前方两侧各有 1 个黄褐色飞鸟形斑纹，后半部有 1 块同色的"凸"形大斑，微隆起。

4. **蛹**　长 28~33 毫米，乳白色，羽化前黑褐色，触角细长并向腹中线强卷曲。

【发生规律】

星天牛在各橘产区 1 年发生 1 代，以幼虫在树干基部或主根木质部蛀道内越冬。多数地区在翌年 4 月化蛹，4 月下旬至 5 月上旬成虫开始外出活动，5~6 月为活动盛期，至 8 月下旬（个别地区至 9 月上中旬）仍有成虫出现。5 月至 8 月上旬产卵，以 5 月下旬至 6 月中旬产卵最盛，6~7 月孵化为幼虫。

成虫羽化后，咬破根颈处羽化孔外的树皮爬出，飞向树冠树梢上，咬食嫩枝皮层，或食叶成缺刻。卵产在比较粗的树干基部，被产卵处皮层隆起呈"⊥"形或"L"形伤口，每处产卵 1 粒，表面湿润。每头雌虫可产卵 20~80 粒。卵期 7~14 天，温度高时卵期短，阴雨天则卵期长。

幼虫在皮层下蛀食 2~3 个月，一般在 11~12 月开始越冬，当年已成熟的幼虫在翌年春季化蛹，否则翌年仍继续取食一段时间，待发育成熟后才化蛹。幼虫期约 10 个月。化蛹前在蛀道上端做一长 5~6 厘米的宽大蛹室，将下端紧塞，在顶端向外开 1 个羽化孔，外被变色树皮所掩盖，然后在蛹室中头部向上，直立化蛹。蛹期短的为 18~20 天，长的在 30 天以上。

【防治方法】

1. **捕捉成虫**　5~6 月是成虫活动盛期，可在晴天中午及午后在枝梢及枝叶茂密处，或傍晚在树干基部，巡视捕捉成虫多次。

2. **毒杀成虫和防止成虫产卵**　在成虫活动盛期，用 80% 敌敌畏乳油或 40% 乐果乳油等，掺和适量水和黄泥，搅成稀糊状，涂刷在树干基部或距地面 30~60 厘米的树干上，可毒杀在树干上爬行及咬破树皮产卵的成虫和初孵幼虫，还可毒杀一部分从树干内羽化外出的成虫。或在成虫产卵前将树干基部的泥土扒开，亦可在成虫产卵盛期用白涂剂（见柑橘褐天牛的防治）涂刷在树干基部，防止成虫产卵。

简易防治：利用包装化肥等的编织袋，洗净后裁成宽20~30厘米的长条，在星天牛产卵前，在易产卵的主干部位，用裁好的编织条缠绕2~3圈，每圈之间连接处不留缝隙，然后用麻绳捆扎，防治效果甚好。通过包扎阻隔，天牛只能将卵产在编织袋上，之后天牛卵就会失水死亡。

3. 刮除卵粒和初孵幼虫　6~7月发现树干基部有产卵裂口和流出泡沫状胶质时，即刮除树皮下的卵粒和初孵幼虫。并涂以石硫合剂或波尔多液等消毒防腐。

4. 毒杀幼虫　树干基部地面上发现有成堆虫粪时，将蛀道内的虫粪掏出，塞入或注入以下药剂毒杀。

（1）用布条或废纸等蘸80%敌敌畏乳油或40%乐果乳油5~10倍液，往蛀洞内塞紧，或用兽医用注射器将药液注入。

（2）也可用56%磷化铝片剂（每片约3克），分成10~15小粒（每份0.2~0.3克），每一蛀洞内塞入1小粒，再用泥土封住洞口。

（3）用毒签插入蛀孔毒杀幼虫。

5. 钩杀幼虫　幼虫尚在根茎部皮层下蛀食，或蛀入木质部不深时，及时进行钩杀（参见柑橘褐天牛的防治）。

三一　橘光盾绿天牛

橘光盾绿天牛 *Chelidonium argentatun*（Dalman）又名光绿天牛、绿橘天牛，俗称枝天牛、吹箫虫，属鞘翅目天牛科。

【分布与寄主】

分布于广东、广西、福建、浙江、四川、江苏、安徽等省（区），为害柑橘类植物。

【为害状】

幼虫蛀害枝条、主干，致使枝条枯死，树势衰退，毁坏橘园。成虫产卵在1~2年生小枝杈处或小枝条叶腋处，孵化后蛀入木质部，初期向上蛀食小枝，至小枝横径难以容下虫体时，转头向下蛀食，直至大枝条、主干。蛀道内每相隔一段距离向外蛀1个小洞孔，作排泄粪便、通气和排积水之用，故有"吹箫虫"之称。被害柑橘树的小枝干枯，大枝衰弱，叶片黄色，果实脱落。严重受害时，树势下降，枯枝落叶，产量低，失去经济价值。

橘光盾绿天牛成虫

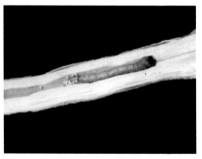

橘光盾绿天牛幼虫

【形态特征】

1. 成虫　体长 24~27 毫米，宽 6~8 毫米。深绿色，有光泽。腹面绿色，被银灰色绒毛。头绿色，眼墨绿色。头部有细密刻点，在唇基和额之间有光滑而微凹区。足和触角深蓝色或墨绿色，跗足黑色。前胸长和宽约等，绿色，具刻点和细密皱纹，侧刺突端部略钝。小盾片绿色，平滑而有光泽。

2. 卵　长 4.7 毫米，宽约 3.5 毫米，长扁圆形，黄绿色。

3. 幼虫　老熟时体长 46~51 毫米，淡黄色，体表有褐色分布不均的毛。头较小，红褐色，宽度约大于前胸背板的 1/2。有 3 对细小胸足，胸部背腹面 2~9 节均有移动器。腹部可见 10 节。

4. 蛹　乳白色或淡黄色，长 25~40 毫米，宽 5~6 毫米。头部长形，向后贴向腹面。翅芽伸达第 5 腹节，腹部明显可见 8 节，背面有稀密不匀的褐色短刺毛。

【发生规律】

橘光盾绿天牛 1 年发生 1 代，以幼虫在蛀道中越冬。成虫一般在 5 月出现，有"立夏天牛虫"的谚语。盛发于 5 月下旬至 6 月中旬，迟至 8 月初尚可见个别成虫踪迹。成虫在晴天中午活动为甚，行动敏捷，飞翔力强，飞行距离远。阴雨天则多静止在树冠梢顶上，雨天和清晨飞翔力较弱。成虫嗜花蜜，常群集在较迟开花的金柑花上咬食花蜜及花瓣。

成虫羽化出洞后即可进行交尾，交尾后不久可产卵。产卵时间多为中午。卵产在 1~2 年生的小枝杈处，也产在小枝与叶柄腋处，每处产卵 1 粒，上面覆盖浅黄色蜡状物。每头雌虫产卵 30~40 粒。产卵历期 6 天，卵期 14~19 天。成虫寿命 15~30 天。初孵幼虫以螺旋形蛀入木质部，沿枝条向上蛀食，蛀入口极易折断。被蛀食的小枝因失水分而萎蔫，后渐干枯落叶。幼虫藏于最下端的一个洞孔下方。幼虫敏捷，摇动枝条时，可迅速退至上方。卵初孵期在5月上旬，盛孵期在5月中旬至7月中旬，8月仍有被害的干枯枝出现。8月之后幼虫一般转为向下蛀食大枝。化蛹前幼虫在蛀道的下方自作蛹室，两端有如石灰的物质封闭住，蛹期23~25天。

【防治方法】

1. **捕捉成虫**　在羽化期的清晨或小雨天，成虫飞翔较差，可用网兜进行捕捉。在园边种植万寿果（结钮果）或迟花果树，当成虫取食花蜜时捕捉。

2. **剪除被害小枝**　在被害小枝萎蔫至落叶前检查树冠，随时摘除或剪除虫枝，集中销毁，可防止幼虫蛀食大枝，是全年防治的关键。

3. **药剂防治幼虫**　将棉花球或废纸团蘸取80%敌敌畏乳油10倍液后，在下方的第一洞孔或第二洞孔塞入蛀道，进行熏蒸毒杀。近年用防治星天牛的药签或"毒针"插入虫道，并保持虫道的湿润，有较好的防治效果。

4. **捉幼虫**　成虫产卵盛期后，挖除卵和初龄幼虫。

5. **药剂防治成虫**　可以参考柑橘褐天牛。

三二　薄翅锯天牛

薄翅锯天牛 *Mogopis sinica* White 又名中华薄翅天牛、薄翅天牛、大棕天牛，属鞘翅目天牛科。

【分布与寄主】

中国东北、华北、华中、华南均有发生；国外日本、朝鲜、越南有分布。寄主有柑橘、苹果、山楂、枣、柿、栗、核桃等。

【为害状】

幼虫于枝干皮层和木质部内蛀食，隧道走向不规律，内充满粪屑，削弱树势，重者枯死。

【形态特征】

1. **成虫**　体长 30~52 毫米，宽 8.5~14.5 毫米，略扁，红褐色至暗褐色。头密布

薄翅锯天牛成虫

颗粒状小点和灰黄色细短毛，后头较长，触角丝状 11 节，基部 5 节粗糙，下面具刺状粒。前胸背板前缘窄，略呈梯形，密布刻点、颗粒和灰黄色短毛。鞘翅扁平，基部宽于前胸，向后渐狭，鞘翅上各具 3 条纵隆线，外侧 1 条不甚明显，后胸腹板被密毛，雌腹末常伸出很长的伪产卵管。

2. **卵**　长椭圆形，乳白色，长约 4 毫米。

3. **幼虫**　体长约 70 毫米，体粗壮，乳白色至淡黄白色。头

黄褐色，大部缩入前胸内，上颚与口器周围黑色。胴部13节，具3对极小的胸足，第1节最宽，背板淡黄色，中央生1条淡黄纵线，两侧有凹凸的斜纹1对，第2~10节背面和第1~10节腹面有圆形步泡突，上生小颗粒状突起。

4. **蛹** 长35~55毫米，初乳白色渐变黄褐色。

【发生规律】

2~3年发生1代，以幼虫于隧道内越冬。寄主萌动时开始为害，落叶时休眠越冬。6~8月成虫出现。成虫喜于衰弱、枯老树上产卵，卵多产于树皮外伤和被病虫侵害之处，亦有在枯朽的枝干上产卵者，散产于缝隙内。幼虫孵化后蛀入皮层，斜向蛀入木质部后再向上或下蛀食，隧道较宽不规则，隧道内充满粪便与木屑。幼虫老熟时多蛀到接近树皮处，蛀成椭圆形蛹室，于内化蛹。羽化后成虫向外咬成圆形羽化孔爬出。

【防治方法】

1. **农业防治** 加强综合管理，增强树势，减少树体伤口以减少成虫产卵。

2. **人工防治** 及时去掉衰弱、枯死枝，集中处理，注意伤口涂药消毒保护以利愈合；产卵盛期后刮去粗翘皮，可消灭部分卵和初龄幼虫，刮皮后应涂消毒保护剂。

3. **药剂防治成虫** 可以参考柑橘褐天牛。

三三 柑橘褐天牛

柑橘褐天牛 *Nadezhdiella cantori*（Hope）是许多天牛种类中为害柑橘最严重的一种，俗称钻干虫、老木虫（幼虫）、牵牛郎（以其成虫在树间振翅发出的"朗朗"叫声得名），属鞘翅目天牛科。

【分布与寄主】

国内分布于贵州、河南、广东、广西、四川、云南、湖南、湖北、江西、江苏、浙江、福建、陕西和台湾等省（区）；国外泰国有发生。寄主限于柑橘类。

【为害状】

幼虫蛀害距离地面 30 厘米以上的主干或主枝，木质部虫道纵横，以主干分叉处蛀害孔最多，致植株濒死或易被风吹断。蛀食枝干的幼虫向外开出数个通气排粪孔，排出粪屑。受害枝干千疮百孔，易枯死或风折，早期受害后出现叶黄、梢枯。危害严重时，柑橘树生长缓慢，树势衰弱，影响果品产量和品质。

柑橘褐天牛在树干基部蛀孔和
排出的木屑粪便

柑橘褐天牛幼虫蛀害树枝干

柑橘褐天牛成虫　　　柑橘褐天牛蛀害枝干排粪状

【形态特征】

1. **成虫**　体长 25~51 毫米，雌虫显著大于雄虫。黑褐色具光泽，被灰黄色短绒毛。头顶复眼间有 1 条深纵沟，触角基瘤前、额中央具 2 条弧形深沟。鞘翅基部隆起，末端略斜切，内端角尖狭但不尖锐。体色较深黑而体毛灰褐色。

2. **卵**　椭圆形，长约 3 毫米，卵壳有网纹。初产时乳白色，孵化前呈灰褐色。

3. **幼虫**　老熟幼虫长 46~56 毫米，乳白色，扁圆筒形。口器除上唇为淡黄色外，余为黑色。前胸背板上有横裂成 4 段的棕宽带，中央的 2 条长，外侧的 2 条短。胸足细小。中胸腹面、后胸及腹部 1~7 节背、腹两面均具移动器，背移动器呈"中"字形。

4. **蛹**　体长约 14 毫米，淡黄色，翅芽叶状，伸达第 3 腹节腹面后端。

【发生规律】

柑橘褐天牛在橘产区 2~3 年完成 1 代，幼虫和成虫均可过冬。一般在 7 月上旬以前孵出的幼虫，当年以幼虫在树干蛀道内越冬，翌年 8 月上旬至 10 月上旬化蛹，10 月上旬至 11 月上旬羽化为成虫，在蛹室内越冬，第3年4~5月成虫外出活动。8月以后孵出的幼虫，则需经历2个冬天，分别以当年生（大多达8龄）和2年生（大多达15龄）幼虫越冬，第3年5~6月化蛹，8月以后羽化为成虫外出活动；迟的要到第3年8~10月才化蛹，10~11月羽化为成虫越冬，第4年4~5月成虫外出活动。1年中在4~9月均有成虫外出活动和产卵，以4~6月外出活动最多，5~9月产卵，5~7月产卵数最多，幼虫大多在5~7月孵化。

【**防治方法**】

1. **人工捕捉**　根据当地虫情，掌握在成虫外出活动盛期，一般可在4~5月闷热或刮南风的晴天夜晚，于产卵前在橘园树干上捕捉成虫。亦可在炎热的中午利用成虫躲在蛀洞内，喜将触角伸出洞外的习性，扯住触角牵出天牛。

2. **防治卵及幼虫**　夏至前后，在天牛产卵部位及低龄幼虫为害处用刀刮杀，用塑料薄膜袋盛上80％敌敌畏乳油10倍液，袋口扎以竹管，将药液压入由下至上的第3~4个洞内。

3. **保持树体整洁**　清除枯枝时，要凿平伤口，涂上保护剂，使其愈合良好；枝干上的洞要用水泥、河沙或黏土堵塞，使树干表面保持光滑。

4. **药剂防治成虫**　试用8％氯氰菊酯触破式微胶囊剂，此药是针对天牛而研发的新农药。这种触破式微胶囊剂选用的是脆性囊皮材料作为药剂包衣，使天牛成虫踩触或取食时药剂即可破囊，一次性地释放出足以致死天牛成虫的有效剂量，而且药物作用点又是天牛保护功能最薄弱的跗节和足部，通过节间膜进入天牛体内，进而迅速防治天牛成虫。故对天牛产生特效，同时又不伤天敌。使用时，用氯氰菊酯触破式微胶囊剂400倍液将树皮喷湿后，1平方厘米可用4个微胶囊，当大型天牛成虫在喷有该药的树干上爬行距离达3米即可中毒死亡。常规喷雾300~400倍液。以当年第一批天牛羽化出孔时喷药为最佳时机，这样可将新羽化的天牛成虫在其出孔后数小时内防除，以避免其再取食和产卵为害。使用时注意用力摇动药液达到上下均匀。喷药位置在树干、分枝中的大枝及其他天牛成虫喜出没之处。喷药以树皮湿润为宜。

三四　柑橘爆皮虫

柑橘爆皮虫 *Agrilus auriventris* Saunders 又名柑橘小吉丁虫、柑橘吉丁虫、柑橘锈皮虫等，属鞘翅目吉丁科。

【分布与寄主】

本虫是分布最广的一种柑橘吉丁虫，遍布国内各柑橘产区，国外分布于日本。为害柑橘类。

【为害状】

幼虫蛀害主干和大枝，在皮层下蛀食成许多弯曲蛀道，常见数条虫道由一点（产卵处）向四周放射伸出，被害处树皮常整片爆裂，整个大枝干枯，甚至整株枯死。

柑橘爆皮虫成虫在交尾

柑橘爆皮虫为害树干处的流胶

柑橘爆皮虫幼虫

柑橘爆皮虫成虫取食柚叶

【形态特征】

1. **成虫** 体长 6~9 毫米，青铜色，有金属光泽。雄虫头部翠绿色，腹面中央从下唇至后胸有密而长的银白色绒毛；雌虫头部金黄色，腹面中央至后胸的绒毛短而稀。鞘翅紫铜色，密布细小刻点，上有由金黄色绒毛密集而成的不明显的波纹状斑。

2. **卵** 椭圆形，扁平，长 0.7~0.9 毫米，乳白色，后变土黄色，近孵化时变为淡褐色。

3. **幼虫** 体扁平细长，乳白色或淡黄色，表面多皱褶。头部甚小，褐色，除口器外均陷入前胸。前胸膨大，扁圆形，其背、腹面中央各有 1 条明显的褐色纵沟，其后端分叉，中、后胸甚小，无足。

4. **蛹** 扁圆锥形，长 8.5~10 毫米，乳白色，柔软多褶，渐变为淡黄色，后变为蓝黑色，有金属光泽。

【发生规律】

柑橘爆皮虫 1 年发生 1 代，大多以老龄幼虫在枝干木质部越冬，少数以 3 龄或 2 龄幼虫在枝干皮层越冬。由于越冬幼虫龄期不一，致使翌年发生很不整齐。在浙江、江西和湖南，翌年 2 月中下旬皮层越冬的幼虫开始活动为害；而在木质部越冬的幼虫一般在 3 月中下旬开始化蛹，4 月中下旬为化蛹盛期且成虫开始羽化，4 月下旬至 5 月上旬为羽化盛期。卵大多产在树干离地面 1 米以内的树皮细小裂缝中或与主枝交叉处，少数产在树皮上的地衣、苔藓下或阴暗的树皮表面。卵常散产，或 2~3 粒，多至 8~10 粒排成鱼鳞状卵块。

幼虫孵化后在树皮浅处蛀害，常有油点状褐色透明胶质流出，削开表皮可见虫体。后逐渐逐层向内蛀入，蛀至形成层后，即向上或向下蛀食成较细的不规则蛀道，充满虫粪，使树皮和木质部分离，树皮干枯爆裂。

柑橘爆皮虫以树龄老、树皮粗糙、裂缝多和管理不善、树势衰弱的树发生严重。柑橘种类一般以橘类受害严重，甜橙次之，柑类和柚类较轻。

【防治方法】

1. **消灭虫源**　被害的死树和枯枝中，潜存大量幼虫和蛹，应在冬、春季成虫出洞前清除烧毁。

2. **阻隔成虫**　春季成虫出洞前，将去年受害严重的树用稻草从树干基部自下而上边搓边捆，紧密捆扎，并涂刷泥浆，使不留缝隙，阻隔成虫出洞。这样既有助于树干伤口愈合，亦可减少成虫产卵的机会。

3. **毒杀成虫**　掌握成虫羽化盛期，在其即将出洞时，刮除树干被害部分的翘皮，再涂刷 40% 乐果乳油 5 倍液，或 80% 敌敌畏乳油 3 倍液，或用 80% 敌敌畏乳油加 10~20 倍黏土对水调成糊状涂封，可使羽化后的成虫在咬穿树皮时中毒死亡。亦可在成虫出洞高峰期，选用 90% 敌百虫晶体或 80% 敌敌畏乳油 1 000~1 500

倍液，50% 马拉硫磷乳油 1 500 倍液，50% 杀螟松乳油 800~1 000 倍液等，进行树冠喷药，消灭漏网的成虫。

4. **杀灭幼虫**　6~7 月幼虫盛孵期，根据被害部流出胶质的标志，用小刀刮除初孵幼虫，伤口处涂上保护剂。或先刮去流胶被害处一层薄树皮，再涂刷 80% 敌敌畏乳油 3 倍液等（若涂刷面小，可用有机磷药剂加等量的煤油或轻柴油，增强渗透力；涂刷面大易灼坏树皮），触杀皮层内的幼虫。

三五　柑橘溜皮虫

柑橘溜皮虫 *Agrilus* sp. 又名溜枝虫、串皮虫。在国内记录有9种吉丁虫可为害柑橘,其中溜皮虫是几个为害严重的虫种之一,属鞘翅目吉丁虫科。

【分布与寄主】

分布于贵州、四川、广西、广东、浙江、湖南和福建等省(区)。寄主限于柑橘类植物。

【为害状】

幼虫呈螺旋状缠绕潜蛀枝干皮层,造成树皮剥裂,流胶如泡沫,导致树势衰弱、枝条断枯和产量降低。

柑橘溜皮虫成虫

柑橘溜皮虫旋状蛀害树干皮层

【形态特征】

1. **成虫**　黑褐色,雌虫长 10~11 毫米,雄虫长 9~10 毫米,宽 2.8~3.0 毫米,腹面和足具强亮绿色光泽。活成虫背面微具光泽,标本色暗无光。鞘翅基缘线显著隆起成脊,翅前缘区向前胸背板后缘凹区倾斜。翅面有 3 块由白绒毛组成的斑区,其中以翅末端 1/3 处的白斑最清晰。

2. **卵**　呈馒头形，长 1.6~1.7 毫米，初为乳白色，孵化前黑色。

3. **幼虫**　老熟幼虫体长 23~26 毫米，扁平，乳白色。前胸背板大，宽大于长，背观近圆形，中、后胸缩小近 2/5。腹部各节呈梯形，腹节后端宽于前端，后缘两侧角状突出。腹末端具 1 对钳状突。

4. **蛹**　纺锤形，体长 9~12 毫米，宽约 3.8 毫米。初化蛹时乳白色，羽化时黄褐色。

【 **发生规律** 】

1年发生1代，以幼虫在虫道中越冬。浙江黄岩和贵州都匀等地，翌年4月中下旬温州蜜橘绽蕾时成虫始羽化出洞，6月上旬为羽化盛期，7月初为终见期。成虫羽化后3~4天开始交尾，此后2~3天开始产卵。10~12时活跃，9时前多停息于叶面晒太阳，阴雨天躲在树冠内膛叶丛中。卵散产在枝干表皮凹陷处，常有绿褐色物覆盖。每头雌虫卵量少，一般产4~5粒。早出洞的成虫产卵早，6月下旬至7月上旬幼虫孵化为害，后出洞的成虫一般7~8月产卵，幼虫孵化也迟。初孵幼虫先在皮层咬食，被害部外观呈泡沫状流胶，此后潜入外层木质部，螺旋状蛀食，虫道可达30厘米长，形成典型的"溜道"。中后期，幼虫溜蛀经过处，枝条树皮剥裂，外观可见树皮沿着虫道愈合的痕迹，幼虫一般在最后一个螺旋虫道处。小枝被害，叶片衰弱。

【 **防治方法** 】

1. **农业防治**　冬季修剪伤势弱的虫枝，减少橘园虫源数量。

2. **药剂防治**　在 8~10 月，用煤油 1 000 毫升，对 40% 辛硫磷或毒死蜱 10 毫升配制成药液。用小刀划刻虫溜道，当刀达木质部后，用排笔蘸药涂树干。煤油是渗透力很强的载体，药液渗入虫道内，杀虫效果达 95%~100%。贵州都匀前进果场曾经用此法结合杀成虫，2 年就消灭了此虫为害。亦可在成虫羽化始盛期，用上述农药 800 倍液喷树冠。菊酯类农药 2 000 倍液也有较强的杀灭效果。

三六　坡面材小蠹

　　小蠹虫是为害柑橘的一类新害虫，目前已知有 3 种。除坡面材小蠹 *Xyleborus interjectus* Bland. 外，另有光滑材小蠹 *Xyleborus germanus* Bland.，蛀食被炭疽病侵染后留在树上的干枯僵果；爪哇咪小蠹，*Hypothenemus javanus*(Eggers)，为害纤细枯枝的木质部，不造成经济损失。均属鞘翅目小蠹虫科。

【分布与寄主】

　　分布于贵州、四川、云南、福建、广东、安徽、西藏和台湾等省（区）。坡面材小蠹是主要的林木害虫，寄主植物有梨、柿、中国梧桐、马尾松，还见为害树势衰败或濒死的金橘、酸橙及柏等高大植株的树干和主枝。

【为害状】

　　将木质部蛀成纵横隧道，严重破坏了树体输导功能，促使寄主进一步衰枯死亡。

坡面材小蠹成虫　　　　　　　坡面材小蠹蛀害致树干腐烂有虫孔

【形态特征】

1. **成虫**　初羽化时黄褐色，老熟虫体黑色具强光泽，长圆筒形，宽阔粗壮。雌虫长 3.6~4 毫米，宽 1.6~1.8 毫米；雄虫体小，长 2.6~3.1 毫米，宽 1.4~1.6 毫米。头隐藏在前胸背板下，鞘翅背面自中部起均匀缓和地向后弓曲，形成约 50° 的坡面，故得此名。

2. **卵**　乳白色，表面光滑，长椭圆形，长 0.6~0.7 毫米，厚 0.3~0.4 毫米。

3. **幼虫**　老熟幼虫长 3.8~4.1 毫米，宽 1.0~1.2 毫米，嫩白色，虫体稍向腹部弯曲。头褐色。除腹面外，在每一体节中部的各条体线处，生有 1 根褐色细短毛。

4. **蛹**　为裸蛹，初期乳白色，近羽化时浅黄褐色。长 3.6~3.8 毫米，宽 1.4~1.6 毫米。

【发生规律】

在贵州 1 年发生 3 代，世代重叠严重，以成虫越冬。4 月上中旬越冬成虫从木质部深处虫道迁移至外层坑道活动，寻找新的部位或飞到新寄主上打洞筑坑，4 月中下旬至 5 月初交尾产卵。卵多产于内部新坑。新一代成虫出现后，沿子坑端部向前取食或从子坑内壁另蛀坑道，致使整个木质部虫道纵横交错。第 1 代成虫羽化盛期是 5 月底至 6 月初，第 2 代为 7 月中下旬，第 3 代为 9 月上中旬，至 10 月上旬仍有少数成虫羽化。11 月上旬，常有冷空气侵入，气温下降导致成虫大量死亡，部分进入木质部深处虫道内越冬。成虫不为害健康旺长树，喜对衰败和濒死树蛀害。一般情况下具群集蛀害习性，但在较小的枝干上也见个别虫体独栖。群体为害时，受害部多为 2 米以下树干，蛀孔集中，常有新鲜粪屑排出洞口。迁蛀初期如遇降水，湿度大，树干挂满橘胶，部分成虫未入木质部就被橘胶粘死。随虫口密度的增加，附生于坑道内的霉菌不断扩展繁殖，致使木质部变黑、坏死，寄主也渐濒枯死。

【防治方法】

1. **农业防治**　加强水肥管理和防治天牛类、溜皮虫、爆皮虫等害虫的为害，保持橘园树势旺盛。鼠害和脚腐病亦可导致植株衰退，一并加强预防。

2. **人工防治**　及早砍掉受害较重、濒死或枯死的橘株，集中处理，以除虫源；初侵染树，成虫数量少，虫道浅，可用小刀削去部分皮层涂药触杀。

3. **药剂防治**　根据虫体在晴暖日喜在孔口处活动等习性，用杀虫剂高浓度喷洒树干触杀。

三七　恶性叶甲

恶性叶甲 *Clitea metallica* Chen 又名恶性叶虫、恶性橘啮跳甲，俗称黑叶跳虫、黑蚤虫、黄懒虫，属鞘翅目叶甲科。

【分布与寄主】

分布于我国各柑橘产区。寄主仅限于柑橘类。

【为害状】

成虫咬食新芽、嫩叶、花蕾、幼果和嫩茎。幼虫常群集在嫩梢上食害芽、叶和花蕾，并分泌黏液和排出粪便污染嫩叶，使其焦黑枯落。被害芽、叶残缺枯萎，花蕾干枯坠落，幼果常被咬成很大孔洞，以致变黑脱落。是春梢期为害严重的害虫，使开花结果减少，甚至造成满园枯梢，不能结果，或只开花不结果。在一些管理不善的零星橘园发生严重。

柑橘恶性叶甲幼虫为害状

【形态特征】

1. 成虫　雌成虫体长 3~3.8 毫米，雄成虫略小，长椭圆形，蓝黑色，有金属光泽。口器、触角、足及腹部腹面黄褐色，胸部腹面黑色。前胸背板密布小刻点，鞘翅上各有 10 行纵列小刻点。后足腿节膨大，善跳跃。

2. 卵　长椭圆形，长约 0.6 毫米，白色至黄白色，近孵化时变为深褐色。卵壳外有 1 层黄褐色网状黏膜。

3. 幼虫　成熟时体长 6 毫米左右，头部黑色，胸腹部草黄色。前胸背板有深茶褐色半月形硬皮片，由背线分为左、右两块。中、后胸两侧各有 1 个大的黑色突起，胸足黑色。体背常分泌有灰绿色黏液和黏附的粪便。

4. 蛹　椭圆形，体长约 2.7 毫米，黄白色，后变橙黄色，前、后翅灰白色，近羽化时前翅变为黑色。

【发生规律】

恶性叶甲在多数柑橘区 1 年发生 3~4 代，广东可发生 6~7 代，均以成虫在树干裂缝、霉桩、卷叶中，地衣、苔藓下，或地面杂草、松土中越冬。3 月底至 4 月初，越冬成虫出现，产卵于新叶上，4~5 月为第 1 代幼虫期，为害最烈；6~7 月为第 2 代幼虫期；7~8 月为第 3 代幼虫期；8~9 月为第 4 代幼虫期。幼虫有群居性。各地以越冬后的成虫和第 1 代幼虫为害春梢最严重，以后各代发生量很少，夏、秋梢受害轻微。

成虫寿命 2 个月左右，羽化后 2~3 天开始取食。雌虫一生交尾多次，交尾后当天或隔天开始产卵。卵多产在嫩叶背面或正面的叶尖及叶缘处，极少数产在叶柄、嫩梢及花蕾上，产卵前咬破表皮成一小穴，绝大多数产卵 2 粒并列于穴内，并分泌胶质涂布卵面。每头雌虫平均产卵 100 余粒。

　　幼虫孵化后先取食嫩叶叶肉而留表皮，约经1天分泌黏液和排泄粪便，黏附体背，并污染嫩叶。有群集性，常数十头聚集在一个嫩枝上。幼虫有3龄，成熟后甚为活跃，沿枝干下爬，寻找适当处化蛹。大多在树干皮层裂缝处、地衣、苔藓下，或枯枝、霉桩、树干中化蛹。若树干光滑，则爬至树干附近1~2厘米深的松土中，做椭圆形土室化蛹。蛹期一般第1代6~7天，第2代3~7天，第3代5~9天。

　　恶性叶甲在管理不善，树上有地衣、苔藓、枯枝、霉桩等的橘园，发生数量常较多。

【防治方法】

　　1. 加强橘园管理　清除树上的地衣、苔藓、枯枝、霉桩和卷叶，堵塞树干孔隙和涂封裂缝，以及中耕松土灭蛹，消除越冬和化蛹场所。消灭地衣和苔藓，可结合防治蚧类在春季发芽前喷用松碱合剂10倍液，秋季喷用18~20倍液。剪除霉桩后用接蜡（黄蜡2份、沥青1份，加入研碎的脱脂松香3份熔化而成）或新鲜牛粪拌和黏土（1∶1混合）涂封保护伤口。

　　2. 诱杀幼虫　在幼虫化蛹前，无地衣、苔藓、裂缝、孔隙、霉桩等的树，可在树干、枝杈上束稻草，诱集幼虫潜入化蛹，并在羽化前及时解除销毁。

　　3. 药剂防治　在卵孵化达50%左右时，选喷80%敌敌畏乳油、90%敌百虫晶体、50%马拉硫磷乳油1 000倍液1~2次，20%甲氰菊酯乳油2 000倍液，2.5%溴氰菊酯乳油2 000倍液，20%氰戊菊酯乳油2 000倍液，均有良好效果。

三八　　柑橘潜叶甲

柑橘潜叶甲 *Podagricomela nigricollis* Chen 又名柑橘潜叶跳甲、橘潜叶虫、红色叶跳虫，属鞘翅目跳甲科。

【分布与寄主】

分布于长江两岸及华南柑橘产区，为害柑橘属。

【为害状】

成虫取食柑橘嫩芽、幼叶。幼虫孵化后即钻入叶片内潜食成蜿蜒隧道，使叶片枯黄脱落。卵产于嫩叶背面叶脉旁以及叶缘等处，并排粪便覆盖。

柑橘潜叶甲成虫为害状

柑橘潜叶甲幼虫为害状

柑橘潜叶甲成虫在取食

【形态特征】

1. **成虫**　体长 3~3.5 毫米，宽 2.7 毫米。体宽椭圆形，色泽变异很大。通常头、前胸背板、足和触角黑色，其余部分为淡棕黄色至深橘黄色，有时鞘翅肩部杂黑，足的胫节基部红色。头顶拱凸，具微细刻点，前缘有 1 条深刻的弧形沟纹向两侧伸至复眼后缘。

2. **卵**　椭圆形或多角形，具网状纹。幼虫 3 龄，蜕皮 2 次。

3. **幼虫**　老熟幼虫体长 4.7~7 毫米，深黄色，触角 3 节，胴部 13 节。前胸背板硬化，胸部各节两侧圆钝，从中胸起宽度渐减。各腹节前狭后宽，成梯形，胸足 3 对，灰褐色，末端各具深蓝色微呈透明的球形小泡。

4. **蛹**　体长 3~3.5 毫米，淡黄色至深蓝色。头部向腹部弯曲，口器达前足基部，复眼肾脏形，触角弯曲。全体有刚毛多对，腹端部有黄褐色的臀叉。

【发生规律】

以山地及近山地橘园发生最多。1 年发生 1 代，以成虫在树干的地衣、苔藓下，或主干周围的松土中越冬。据福州记载，越冬成虫开始活动期为 3 月下旬至 4 月上旬，产卵期为 4 月上旬至

4月下旬，幼虫期为4月上旬至5月上旬。当代成虫羽化期为5月上旬至6月上旬。浙江黄岩越冬成虫始发于4月上旬，4月下旬为幼虫盛发期，5月上旬化蛹，5月下旬成虫羽化。越冬成虫、当年幼虫和成虫是三个主要为害期。

成虫喜群居，跳跃力强，有假死性。越冬成虫以取食嫩叶为主，叶柄、花萼、果柄亦能被害。成虫先取食叶背表面，再及叶肉，被害叶片多呈点点白斑。卵单粒散产，并分泌胶状物黏在嫩叶背面。每头雌虫平均产卵300粒左右，卵期6.3天。成虫夏眠和越冬均在土中。初孵幼虫1小时后从叶钻孔，潜居嫩叶内蛀食叶肉，蜿蜒蛀食成不规则弯曲隧道，新鲜隧道中央有幼虫排泄物所成的点线1条。幼虫由于蜕皮后食料缺乏有转移特性，每蜕皮1次转移1次。幼虫成熟后随被害叶脱落地面，从叶面啮孔爬出，入土化蛹。蛹室多在主干周围半径70~135厘米范围内，入土深度一般3厘米左右。

【防治方法】

1. **人工防治** 清除树干上的地衣、苔藓和可能潜存的场所，减少越冬虫源；扫除被害落叶，集中深埋，以消灭随虫叶落地幼虫。

2. **药剂防治** 在成虫活动期、产卵高峰期及幼虫为害期，对树冠和树下地面用药，可参考柑橘恶性叶甲的药剂防治，共喷2次。

三九 柑橘木虱

柑橘木虱 *Diaphorina citri* Kuway. 又名东方柑橘木虱，属半翅目木虱科。

【分布与寄主】

国内分布于广东、广西、福建、台湾、浙江、江西、湖南、云南、贵州、四川等省（区）；国外日本、菲律宾、印度尼西亚、马来西亚有分布。寄主有枸橼、柠檬、雪柑、黎檬、桶柑、芦柑、红橘、柚、代代橘、罗浮、月月橘、黄皮、十里香等芸香科植物。

【为害状】

主要为害新芽嫩梢，是嫩梢期的一种主要害虫。成虫在叶和嫩芽上取食，若虫群集嫩梢幼叶新芽上吸食为害，被害嫩梢幼芽干枯，新叶畸形扭曲。若虫从腹末排出有糖分的白色分泌物，洒布枝叶上，能引起煤污病，影响光合作用。柑橘木虱是传播柑橘黄龙病的媒介。

柑橘木虱成虫

柑橘木虱为害状

柑橘木虱成虫与若虫　　　　　柑橘木虱若虫排出白色黏性物

【形态特征】

1.成虫　体长（至翅端）2.8~3.0毫米。全体青灰色而有褐色斑纹，被有白粉。头部前方的2个颊锥凸出明显。胸部略隆起。前翅半透明，散布褐色斑纹，近外缘边上有5个透明斑。

2.卵　杧果形，橙黄色，表面光滑，长0.3毫米，有1个短柄，散生或无规则聚生。

3.若虫　扁椭圆形，背面略隆起。5龄若虫体长1.59毫米。体黄色，复眼红色。自第3龄起各龄后期体色变为黄色、褐色相杂。翅芽自第2龄开始显露。各龄若虫腹部周缘分泌有短蜡丝。

【发生规律】

冬季主要以成虫密集在叶背越冬。气温8 ℃以下多不活动，至翌年3~4月气温达18 ℃以上时，开始在新梢嫩芽上产卵繁殖，此后虫口密度渐增，为害各个梢期。

在浙江南部1年可发生6~7代，台湾、福建、广东、四川1年可发生8~14代，但由于一般柑橘园最多只能抽4~6次梢，所以田间也只能发生5~6代，世代重叠，全年可见各个虫态。在温暖季节，成虫产卵前期为 7~13 天。卵期 3~4 天（26~28 ℃）至 7~14 天（18~21 ℃），若虫期 12~34 天（19~28 ℃）。越冬代成虫寿命长达半年之久，温暖季节成虫寿命 45 天以上。冬季发育迟缓，但无明显的停育。冬季成虫一般体内无成熟卵，早春柑橘发芽时卵开始成熟。但月月橘、枸橼和柠檬等冬季仍有新芽，在这些柑橘类上的木虱冬季多怀有成熟卵，严冬稍微暖和之日仍有成虫交尾活动，并在幼芽上还有少数卵和若虫。

成虫平时分散在叶背面的叶脉上和芽上栖息吸食，头部朝下，腹部翘起成 45°，能飞会跳。卵产于嫩芽的缝隙里。1 个芽多者可以有 200 粒卵。1 头雌虫产卵量最高 1 893 粒，平均 632~1 237 粒。

调查结果表明，黄龙病发生与柑橘木虱发生密切相关。黄龙病流行区常多见木虱，海拔高和病轻果园未见或偶见木虱。

【防治方法】

1. 加强管理　注意树冠管理，使新梢抽发整齐，并摘除零星嫩梢，以减少木虱产卵繁殖场所。及时砍除已失去结果能力的衰弱树，减少木虱虫源。成虫多的橘园种植同一柑橘品种，其枝梢抽发较整齐，可造成不利于木虱发生的环境条件，也有利于栽培管理。

橘园四周建造防护林，可增加一定的荫蔽度，木虱发生少，同时又有利于天敌活动。

2. 药剂防治　除结合冬季清园防治 1 次外，再在每次梢期，特别是春、秋梢期，结合其他梢期害虫的防治喷药保梢。一般宜掌握在新梢萌芽至芽长 5 厘米时开展第 1 次防治。若虫口基数较高，且抽梢不整齐造成抽梢较长时，还需防治 2 次，间隔 7~10 天。一般情况下，春梢防治 1 次，夏梢防治 1~2 次，秋梢防治 2~3 次，全年防治 4 次以上，可基本控制柑橘木虱的为害。在黄龙病区，春芽期木虱已开始扩散，此时的传病效率很高，必须抓好冬季和春芽萌发期的防治。常用药剂有 0.9% 阿维菌素 2 500 倍液，20% 吡虫啉浓可溶剂 8 000 倍液，10% 吡虫啉 3 000 倍液，2.5% 溴氰菊酯乳油 2 000 倍液。

四〇 柑橘粉虱

柑橘粉虱 *Dialeurodes citri* Ashmead 又名橘黄粉虱、橘绿粉虱、通草粉虱，属半翅目粉虱科。

【分布与寄主】

分布于江苏、浙江、湖南、湖北、重庆、福建、台湾、广东、海南、广西、云南、贵州、四川，遍布各柑橘产区，尤以长江以南密度较大。在湖南、湖北、四川、重庆、广东和贵州等省的部分柑橘园严重发生，对柑橘生产和苗木繁育损害很大。柑橘粉虱过去在我国仅零星分布，很少造成严重为害。自 20 世纪 90 年代后才在部分柑橘园普遍发生，成为主要害虫。除主要为害柑橘外，寄主植物常有栀子、柿、茶、油茶、栗、桃、女贞、丁香、常春藤、咖啡等。

【为害状】

幼虫主要为害柑橘春、夏梢，诱生煤污病，严重时造成枯梢。以幼虫群集在叶片背面吸食柑橘汁液，消耗柑橘养分，并分泌蜜露诱发严重的煤污病，使枝叶和果实表面覆盖一层黑色霉层，严重阻碍柑橘的光合作用和呼吸作用，使植株严重缺乏养分，枝叶抽发少而短小，开花少，结果少而小。

柑橘粉虱蛹

柑橘粉虱成虫和卵粒

【形态特征】

1.**成虫**　雌虫体长 1.2 毫米，雄虫体长 1 毫米左右，淡黄色，薄被白蜡粉。翅半透明，被有甚厚的白蜡粉而呈白色。复眼红褐色。

2.**卵**　椭圆形，顶端稍尖，长约 0.2 毫米，淡黄色，壳面平滑，有光泽。有短柄附于叶背，初产时斜立，后渐下倾，几乎平卧。

3.**幼虫**　初孵时体扁平，椭圆形，淡黄色，体薄而扁平紧贴于叶片背面，一般肉眼不易与叶片区分。体缘有 17 对小突起，上生刚毛，体缘还有放射状白蜡丝，并随虫体增大而加长。成熟幼虫体长 0.7 毫米，淡绿色。

4.**蛹**　壳扁平，近椭圆形，黄绿色，长 1.3~1.6 毫米，头部有 1 对橙红色眼点，蛹壳薄而略透明可见其虫体，羽化后蛹壳薄而软，白色，背面有孔口。

【发生规律】

柑橘粉虱在长江流域橘产区 1 年发生 3~4 代，华南可 1 年发生 5~6 代，一般以大龄幼虫及蛹在叶背越冬。在江西南昌主要以幼虫在秋梢叶背越冬。越冬代和第 1、第 2 代成虫盛发期依次为

5 月上旬、6 月下旬和 8 月中旬。

成虫白天活动，飞翔力弱。早晨气温低，大多群集在叶背不太活动，中午气温过高亦少活动，在 7~8 月以傍晚日落前后气温下降时活动最盛。喜在新梢嫩叶背面栖息和产卵，尤以树冠下部和荫蔽处的嫩叶背面产卵最多，在徒长枝和潜叶蛾为害的嫩叶上更多，叶面、老叶和果实上极少产卵。卵散产，卵粒间有白粉。一片叶上产卵可达 100 粒以上，每头雌虫可产卵 120 多粒。有孤雌生殖现象，但其后代均为雄虫。各代幼虫孵化后分别在春、夏、秋梢嫩叶背面吸食为害。幼虫有 3 龄，初孵幼虫爬行短距离后即固定取食。

橘园枝叶郁蔽阴湿，有利于其繁殖和发生为害。

天敌有刀角瓢虫的成虫和幼虫，捕食柑橘粉虱的卵、幼虫和初羽化成虫；3、4 龄幼虫又是寄生菌和寄生蜂的主要发生期，常被多种寄生蜂和粉虱座壳孢菌 *Ascherosnia alyrodis* Web. 寄生，后者在多雨季节和荫蔽的橘园寄生很普遍，对粉虱的发生有显著的控制作用。

【防治方法】

1. **改善通风透光，增强树势** 加强柑橘园的回缩，修剪改善橘园生态条件，降低柑橘园湿度，改善通风透光条件，恶化害虫生存条件。结合冬季修剪，剪除密弱枝、荫蔽枝和害虫较多的枝叶。

2. **保护和利用天敌** 柑橘粉虱的天敌有粉虱座壳孢菌、刀角瓢虫、橙黄粉虱蚜小蜂和红斑粉虱蚜小蜂等多种。其中粉虱座壳孢菌是其最有效天敌，在夏、秋季高温高湿条件下寄生率很高，繁殖扩散快。此期间最好不喷或少喷广谱高效杀菌剂，以免杀死粉虱座壳孢菌。也可在多雨季节采摘有粉虱座壳孢菌寄生的枝叶，

悬挂在柑橘粉虱为害严重的柑橘园内让其自然扩散繁殖，也可按
1 000 个粉虱座壳孢菌菌落加水 1 千克捣碎过滤后喷布于柑橘粉
虱严重的柑橘树上，效果也很好。此外在柑橘生长季节最好不喷
或少喷敌百虫和溴氰菊酯等有机磷类和拟除虫菊酯类杀虫剂等广
谱性农药，以免伤害其寄生蜂和捕食天敌，以发挥其自然控制作
用。

只有在柑橘粉虱严重发生、天敌又少时，才考虑用药防治。

3. 药剂防治　重点在幼虫期尤其在第 1 代幼虫盛期进行化学
防治。由于它以 2~3 龄幼虫越冬，翌年第 1 代幼虫发生较整齐，
以后田间世代重叠，田间化学防治应在第 1 代幼虫期喷药 2 次。
具体应掌握在越冬代成虫初见后 30~40 天喷第 1 次药，半月后
再喷 1 次。主要防治药剂有 0.5% 苦参烟碱水剂 800~1 000 倍液，
10% 吡虫啉可湿性粉剂 2 000~2 500 倍液，25% 扑虱灵可湿性粉
剂 1 000~1 500 倍液，3% 啶虫脒 2 000 倍液。由于害虫几乎全寄
生在叶片背面，喷药时一定要将叶片背面喷到，否则防治效果不
佳。

四一　黑刺粉虱

黑刺粉虱 *Aleurocanthus spiniferus* Quain. 又名橘粉虱、柑橘黑粉虱，属半翅目粉虱科。

【分布与寄主】

分布于贵州、四川、云南、广东、广西、湖南、湖北、陕西、江西、江苏、浙江、福建、安徽和台湾等省（区）。寄主植物除了柑橘外，还有梨、葡萄、苹果、柿、枇杷、茶、月季、蔷薇、柳、香樟、春兰等植物。我国为害柑橘的粉虱记录的约有23种，黑刺粉虱是分布最广、为害最重的一种。

【为害状】

此虫以幼虫群集柑橘株叶背吸食汁液，其排泄物常诱发煤污病，使寄主枝叶发黑，生长趋弱，抽梢量减少，产量降低。

黑刺粉虱成虫

黑刺粉虱在叶背为害状

【形态特征】

1. 成虫　体橙黄色，长 1~1.2 毫米，被白粉状蜡质。复眼玫瑰红色，肾形。前翅紫褐色，其前缘和外缘各具 2 个白斑，后缘有 3 个白斑，但近翅端处的 1 个斑呈裂缺不显见。后翅浅紫色。雄虫较小，腹末有交尾器。

2. 卵　长椭圆形，稍曲呈香蕉状。基部钝圆并有长约 0.05 毫米的胶柄黏附于背面，端部较尖，大小为（0.24~0.26）毫米 ×（0.12~0.13）毫米。初产时乳白色，孵化前紫黑色。卵壳外密布六角形的网纹。

3. 幼虫　共 3 龄，初孵幼虫淡黄色，扁平，体周缘呈锯齿状，触角和足明显，尾端有 4 根尾毛。3 龄幼虫体黑色，体背有刺 14 对，躯周泌一白色蜡质圈。老龄幼虫体长 0.7~0.72 毫米，宽约 0.5 毫米。

4. 蛹　椭圆形，初蛹乳白色，半透明，后渐变黑色。蛹壳椭圆形，大小为（0.7~1.1）毫米 ×（0.7~0.8）毫米，黑色显光泽，壳周呈锯齿状。雌蛹背面明显隆起，背盘区胸部有黑刺 9 对，腹部 10 对，两侧缘 11 对；雄蛹两侧缘仅有黑刺 10 对，向上竖立。

【发生规律】

1 年发生 4~5 代，以 2~3 龄幼虫在叶背上越冬。由于各地气温差异大，其发生期很不一致。根据四川的饲养观察，第 1 代 4 月中旬至 6 月中旬，一般 53 天；第 2 代 6 月中旬至 7 月下旬，约需 46 天；第 3 代 7 月下旬至 8 月下旬，需 34 d；第 4 代 8 月下旬至 10 月下旬，历时 54 天；第 5 代 9 月上旬至翌年 4 月中旬，历时 208 天。测得黑刺粉虱卵的发育起点温度为 10.30 ℃，有效积温 234.57 日度。卵期在 22 ℃均温下 15 天，幼虫期 21 ℃均温下约 23 天，蛹期在 24 ℃均温下约 13 天；在 21~24 ℃气温下，成虫寿命 6~7 天。

成虫羽化出壳后，不断分泌出蜡粉于体翅，栖息于背阴环境，趋幼枝活动，交尾产卵。卵产于叶背，1 头雌虫可产卵近百粒；多密排呈圆弧形。干燥气候下卵孵化率比较高，可达 70%~80%；湿度大的夏季，幼虫易被虫生真菌寄生，成蛹率约 20%。

黑刺粉虱的天敌种类及数量均较多，如寄生蜂、寄生菌、瓢虫、草蛉等均常见。其中如黄色跳小蜂、刺粉虱黑蜂、斯氏寡节小蜂等，寄生率很高，分布也很广。

【防治方法】

1. 农业防治　加强管理，合理修剪，使通风透光良好，可减轻发生与为害。

2. 药剂防治

（1）早春发芽前结合防治介壳虫、蚜虫、红蜘蛛等害虫，喷洒含油量 5% 的柴油乳剂或黏土柴油乳剂，毒杀越冬若虫。

（2）1~2 龄时施药效果好，可喷洒下列药剂：8.8% 阿维·啶虫脒乳油有效成分，用药量 17.6~22 毫克/千克，喷雾；50% 马拉硫磷乳油 1 500 倍液，50% 杀螟硫磷乳油 1 500 倍液，25% 噻嗪酮可湿性粉剂 2 000~3 000 倍液。3 龄及其以后各虫态的防治，最好用含油量 0.4%~0.5% 的矿物油乳剂混用上述药剂，可提高杀虫效果。

四二　棉蚜

棉蚜 *Aphis gossypli* Glover 又称腻虫，属半翅目蚜科。

【分布与寄主】

我国各地均有发生，也是世界性害虫。第 1 寄主为石榴、花椒、木槿和多种鼠李属植物，第 2 寄主为棉和瓜类、柑橘等多种植物。

【为害状】

柑橘棉蚜早期主要为害寄主嫩叶、嫩梢、芽，后期也常见为害近成熟的叶片，群体小时，为害症状不明显。群体大时，被害梢生长缓慢，叶片黄化，但不形成卷叶，也少见明显的皱缩。成熟叶片被害后，几乎没有表现症状。

棉蚜为害柑橘树新梢

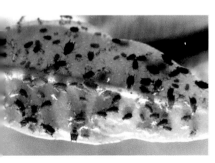

棉蚜在柑橘新叶背面

棉蚜在叶背为害状

【形态特征】

1. **成虫**　活体体色变异大。夏季呈黄色或黄绿色，春、秋季多深绿色、蓝色或黑色。体有蜡粉，腹管黑色。体长 1.9 毫米，宽 1 毫米；头骨化，黑色；前胸与中胸背面有断续的灰黑色斑，后胸斑小；第 2~6 腹节均有缘斑，第 7、第 8 节中斑呈短横带，体表有清楚网纹。触角常见 5 节。

有翅胎生雌蚜体长 1.2~1.9 毫米，宽 0.86 毫米，活体黄色、绿色或深绿色，背面两侧有 3~4 对黑斑，腹管黑色，表面有瓦砌纹，头、胸黑色，腹部淡色。腹部斑纹明显而多，第 6 腹节背中常有横条，第 2~4 节缘斑明显且大。

2. **若虫**　无翅若虫体黄色、黄绿色或蓝灰色，腹部背面有圆斑，有翅若蚜体淡黄色或灰黄色，2 龄以后出现翅芽。卵椭圆形，初产橙黄色，后转深褐色，漆黑有光泽。

【发生规律】

1 年发生 20~30 代，以卵在木槿、扶桑、通泉草、蚊母草上越冬。早春气温达 6℃以上开始孵化，孵化期可达 20~30 天。江浙一带 3 月上旬 12℃以上可产第 1 代蚜虫，之后在越冬寄主上胎生繁殖 2~3 代，就地产生有翅雌蚜，从 4 月下旬到 5 月上旬迁移到棉苗、黄麻、柑橘等夏寄主上为害、繁殖和扩散蔓延。

棉蚜的天敌种类很多，已知棉蚜的捕食性天敌有龟纹瓢虫等多种瓢虫，亚非草蛉、大草蛉等草蛉，狭带食蚜蝇、黑带食蚜蝇、大灰食蚜蝇等食蚜蝇。寄生性天敌有 3 种蚜茧蜂及 1 种拟跳小蜂。

【防治方法】

1. **农业措施**　冬、夏季结合修剪，剪除被害枝或有虫、卵的枝梢，主干和大枝不能剪除时可将虫卵刮除。生长季节抹除零星抽发的新梢。

2. 粘捕　橘园中设置黄色粘虫板可粘捕到大量的有翅蚜。

3. 保护利用天敌　蚜虫有多种有效天敌，果园中应避免不必要的用药。如园中天敌稀少，也可从麦田、棉田或油菜田中收集瓢虫、食蚜蝇和草蛉等释放到橘园中。

4. 药剂防治　蚜虫的药剂防治指标可掌握在 1/3 以上的新梢有蚜虫发生时。但当新梢叶片转为深绿色或有翅蚜比例显著增加时可不用药。因为当嫩梢叶片转为深绿色时，其作为蚜虫的食料已不是很适宜，这样的食料会抑制蚜虫自身的繁殖，并促使产生有翅蚜。另外，此时蚜虫的天敌常已大量增加，对蚜虫有很大的控制力。防治蚜虫的有效药剂有 10% 吡虫啉可湿性粉剂 3 000 倍液，0.3% 苦参碱水剂 200 倍液，10% 氯氰菊酯乳油或 20% 甲氰菊酯乳油 3 000 倍液，50% 马拉硫磷乳油等。

四三　绣线菊蚜

绣线菊蚜 *Aphis citricloa* Vander Goot 又名橘绿蚜，属半翅目蚜科。

【分布与寄主】

分布普遍。可为害柑橘、苹果、沙果、海棠、梨、木瓜、杜梨、山楂、石楠和多种绣线菊等果树及经济植物，在华南柑橘产区是柑橘蚜虫中的优势种，在北方是苹果等果树的主要害虫。

【为害状】

成虫和若虫群集在柑橘的芽、嫩梢、嫩叶、花蕾和幼果上吸食汁液。在嫩叶上多群集在叶背为害。幼芽受害后，分化生长停滞，不能抽梢；嫩叶受害后，叶片向背面横向卷曲；梢被害后，节间缩短；花和幼果受害后，严重的会造成落花落果。绣线菊蚜的分泌物能诱发煤污病，影响光合作用，使产量降低、果品质量变差。

绣线菊蚜为害状

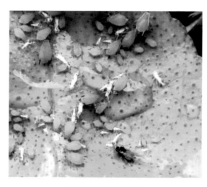

绣线菊蚜成虫

绣线菊蚜有翅蚜与无翅蚜

【 **形态特征** 】

1. **成虫** 无翅孤雌蚜体长 1.7~1.8 毫米，黄色至黄绿色，腹管、尾片黑色，足与触角淡黄色与灰黑色相间，腹部第 5、第 6 节之间黑色。体表有网状纹，前胸、腹部第 1、第 7 节有馒头形至钝圆锥形缘瘤。

2. **卵** 椭圆形，漆黑色。

3. **若虫** 似无翅孤雌蚜，体较小，腹部较肥大，腹管很短，鲜黄色，触角、足和腹管黑色。有翅若蚜有翅芽 1 对。

【 **发生规律** 】

在广州 1 年可发生 30 多代，几乎全年均可孤雌生殖。常在 2 月中旬至 3 月中旬、4 月中旬至 5 月上旬、5 月中下旬、7 月中下旬和 9 月上中旬形成 5 次发生高峰期，以 4~5 月第 2 次高峰期发生量最大，其次是 2~3 月第 1 次高峰期，9 月第 5 次高峰期发生量最小，以春梢受害重，秋梢受害轻。新梢在 10 厘米以下适合其吸食，无翅孤雌蚜常群集在叶面为害，当新梢伸长老化，长度超过 15 厘米后，或种群过于拥挤时，即大量产生有翅孤雌蚜，迁移到较幼嫩的新梢或其他寄主上为害。

绣线菊蚜在福建亦可全年发生，4~5月为害春梢、9~11月为害秋梢芽叶较重。天敌有多种瓢虫、草蛉和食蚜蝇等。

【防治方法】

1. **农业防治**　在各次抽梢发芽期，抹除抽生不整齐的新梢，切断其食物链。木本花卉上的蚜虫，可在早春刮除老树皮及剪除受害枝条，消灭越冬卵。

2. **保护和利用天敌**　适当栽培一定数量的开花植物，引诱并利于天敌活动。蚜虫的天敌常见的有瓢虫、草蛉、食蚜蝇、蚜小蜂等，施用农药时尽量在天敌极少，且不足以控制蚜虫密度时为宜。

3. **药剂防治**　常用药剂有10%吡虫啉3 000倍液，3%啶虫脒2 500倍液，25%噻虫嗪水分散粒剂6 000倍液，10%烯啶虫胺水剂2 500倍液等。

四四　　柑橘二叉蚜

　　柑橘二叉蚜 *Toxoptera aurantii*（Boyer de Fonscolombe）又名茶二叉蚜，在橘园，常被人们视为橘蚜予以统称，属半翅目蚜科。

【分布与寄主】

　　国内以广东、广西、云南发生较多；国外在亚洲热带地区、北非、中非、欧洲南部、大洋洲、北美洲热带及亚热带地区都有分布。除柑橘外，资料记载还为害茶、可可、咖啡、柳和榕等植物。为害情况同橘蚜，在同园中一般同时发生。

【为害状】

　　以成虫和若虫群集在幼叶背面和嫩梢上为害，也为害嫩芽和

柑橘二叉蚜为害柑橘新梢　　　　　　柑橘二叉蚜无翅蚜

花蕾等。常造成枝叶卷缩硬化，以致枯死，亦诱生煤污病或招致黑霉菌的滋生，使枝叶变黑。

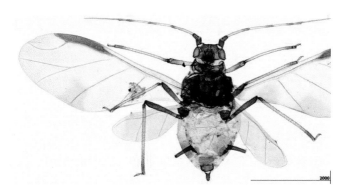

柑橘二叉蚜有翅蚜

【形态特征】

1. **成虫**　有翅孤雌蚜体长卵形，大小为 0.83~1.8 毫米。活虫体黑褐色。死标本头、胸部黑色，腹部浅黑色，斑纹黑色。除腹部第 1 节有时不明显外，2~5 节有缘斑。腹管后斑明显。前翅中脉分二叉，故得名柑橘二叉蚜。其他特征同无翅孤雌蚜。无翅孤雌蚜体卵圆形，大小为 1.0~2.0 毫米。活虫体黑褐色或橘红褐色。死标本头部黑色，胸腹部淡色，但胸缘片黑色，腹部无斑纹。

2. **若虫**　1 龄若虫淡棕黄色，体长 0.2~0.5 毫米，触角 4 节。2 龄若虫触角 5 节，3 龄若虫触角 6 节。

【发生规律】

1 年发生 10 余代。以无翅孤雌蚜或老龄若虫在橘树上越冬，亦可以卵越冬。在华南全年均可孤雌生殖，冬季常为无翅孤雌蚜。越冬无翅孤雌蚜在翌年柑橘萌芽后胎生若蚜，为害春梢嫩叶嫩梢，以 5~6 月繁殖最盛，为害最烈。虫口密度较大、叶老化或遇气候不适宜时，即产生有翅孤雌蚜。在日平均温度 18℃以上的晴天黄昏，风力小于 3 级时，迁飞到其他橘树或新梢上繁殖为害。夏季气温高，并常有暴风雨冲击时，虫口数量下降，秋季虫口又回升，为害秋梢嫩叶严重。冬季即以无翅孤雌蚜越冬，亦可在秋末产生有性雌、雄蚜，交尾后产卵在树上越冬。

柑橘二叉蚜在适宜季节每 6~10 天即可繁殖 1 代。1 头无翅孤雌蚜可胎生 35~45 头若蚜，夏季也可胎生 20~25 头若蚜；1 头有翅孤雌蚜可胎生 18~30 头若蚜。有性雌蚜可产卵 4~10 粒，越冬成活率极高，早春几乎全部孵化。

日平均温度 16~25℃，相对湿度 70% 以上，以及少雨的天气，最适宜柑橘二叉蚜的发生。

柑橘二叉蚜的天敌种类很多，重要的有异色瓢虫、龟纹瓢虫、七星瓢虫、黄斑盘瓢虫、六斑月瓢虫、门氏食蚜蝇、黑带食蚜蝇、大草蛉、中华草蛉和蚜茧蜂、蚜小蜂等，在 5 月以后对柑橘二叉蚜有明显的抑制作用。

【防治方法】

参考橘蚜的防治。

四五　橘蚜

橘蚜 *Toxoptera citricidus* (Kirk.) 俗称油汗、腻虫，属半翅目蚜科。

【分布与寄主】

国内分布于贵州、云南、四川、广西、湖南、湖北、广东、福建、江西、浙江、江苏、陕西、河南和台湾等省（区）；国外亚洲、非洲及南美洲有分布。除柑橘外，寄主植物还有花椒、桃、梨和柿等。

【为害状】

橘蚜群集于柑橘嫩枝梢，吸食营养液。嫩组织受害后，形成凸凹不平的皱缩，排泄的蜜露常导致煤污病的发生，影响果实产

橘蚜为害新梢

橘蚜成蚜与若蚜

量和品质。

【形态特征】

1. **成虫** 有翅孤雌蚜体长卵形，大小为 2.1 毫米 × 1.0 毫米。活虫黑色有光泽，第 1 腹节背面有条细横带，第 3、第 4 节各有 1 对大缘斑，腹管后斑甚大。翅脉正常。无翅孤雌蚜体椭圆形，大小为 2.0 毫米 × 1.3 毫米。活虫黑色有光泽，或带黑褐色。腹部第 7、第 8 节有横贯全节的黑带，腹管后斑大于前斑。体背有明显的六角形网纹，节间斑黑色而清晰。

2. **卵** 黑色有光泽，椭圆形，长约 0.6 毫米，初产时淡黄色，后转黑色。

3. **若蚜** 体褐色。有翅蚜型 3 龄时翅芽已明显可见。

【发生规律】

多数地区 1 年发生 10 余代，世代重叠十分严重。越冬虫态因地而异，广东地区 1 年发生 20 代以上，以成虫越冬，贵州成虫和卵都可越冬，浙江、江西和四川西北部主要的橘蚜以卵越冬。橘园春梢和秋梢抽发期为全年发生为害高峰期，高温天旱条件有利于蚜群繁殖。一般以无翅蚜聚害，如遇气候不适，枝、叶老化或虫口密度过大，即产生有翅胎生蚜随风迁飞到其他橘树上为害。至晚秋产生有性雌蚜、雄蚜，交尾产卵越冬。冬季气温高的低海拔小生境，可以无翅雌蚜越冬。

橘蚜繁殖的最适宜温度为 24~27℃，故在春夏之交和秋季繁殖最盛。夏季高温，其死亡率高，寿命短，繁殖力弱，发生数量少。久雨或暴雨亦极不利于其繁殖。苗木、幼树和抽梢不整齐的树，常受害较重。

天敌种类很多，主要有异色瓢虫、双带盘瓢虫、六斑月瓢虫、四斑月瓢虫、十眼盘瓢虫、狭臀瓢虫、黄斑盘瓢虫、七星瓢虫和大草蛉、亚非草蛉以及食蚜蝇、寄生蜂和寄生菌等。5 月以后天敌渐多，常可抑制蚜虫的发生。

【防治方法】

1. 农业防治　冬季结合修剪，剪除有卵枝或被害枝，压低越冬虫口基数。在生长季节进行摘心或抹芽，除去被害的和抽发不整齐的新梢。减少蚜虫食料，以压低虫数。

2. 生物防治　保护利用天敌，在气温高、天敌繁殖快、数量大的季节，应尽量不喷药或少喷药防治，或喷用对天敌杀伤力小的选择性农药，以免杀灭天敌。在天敌数量少的橘园，可人工引导、释放瓢虫和草蛉等天敌消灭蚜虫。

3. 药剂防治　在天敌不足以控制蚜虫为害的橘园，应在春季及早喷药杀蚜，以免扩大蔓延，5~6 月喷药保护新梢和幼果，8 月喷药保护秋梢。可掌握在 25% 的新梢上发现有少数蚜虫时开始喷药。防治蚜虫的药剂种类很多，有效或常用药剂有 10% 烯啶虫胺水剂 2 500 倍液，10% 吡虫啉 3 000 倍液，25% 吡蚜酮可湿性粉剂 3 000 倍液，2.5% 高效氟氯氰菊酯乳油 2 000 倍液，3% 啶虫脒 2 500 倍液，0.5% 苦参碱水溶液 800 倍液等。

四六　茶黄蓟马

茶黄蓟马 *Scirtothrips dosalis*，属缨翅目蓟马科。

【分布与寄主】

主要分布在湖南、湖北、四川、云南、贵州、广东、广西等省（区）。寄主有柑橘、山茶、茶、刺梨、杜果、台湾相思、葡萄、草莓等。

【为害状】

为害幼果时，幼果表皮细胞破裂，逐渐失水干缩，疤痕随果实膨大而扩展，呈现不同形状的木栓化银白色或灰白色的斑痕，尤以谢花后至幼果直径4厘米时受害最重。常在幼果萼片附近取食，使果蒂周围出现症状，降低产量，影响果实的外观品质。嫩叶受害后叶片变薄，中脉两侧出现灰白色条斑，进而扭曲变形，严重影响树势。以成虫、若虫为害新梢及芽叶，受害叶片在主脉两侧有2条至多条纵列红褐色条痕，严重时，叶背呈现一片褐纹，叶正面失去光泽；后期芽梢出现萎缩，叶片向内纵卷，僵硬变脆；也可为害

茶黄蓟马为害叶片

茶黄蓟马为害尤力克柠檬嫩叶

茶黄蓟马为害花瓣器

茶黄蓟马为害柑橘幼果，呈现不同形状的木栓化灰白色斑痕

叶柄、嫩茎和老叶，严重影响植株生长。茶黄蓟马为害状与锈壁虱为害状很相似，常难区分。

【形态特征】

1. **成虫**　雌虫体长 0.9 毫米，体橙黄色。前翅橙黄色，近基部有一小淡黄色区；前翅窄。腹片第 4~7 节前缘有深色横线。头宽约为长的 2 倍，短于前胸。

雄虫背片布满细密的横纹，后缘有鬃 4 对，自内第 2 对鬃最长；接近前缘有鬃 1 对，前中部有鬃 1 对。腹部第 2~8 节背片两侧 1/3 有密排微毛，第 8 节后缘梳完整。

2. 卵　肾形，长约 0.2 毫米，初期乳白色，半透明，后变淡黄色。

3. 若虫　初孵若虫白色透明，复眼红色，触角粗短，以第 3 节最大。头、胸约占体长的一半，胸宽于腹部。2 龄若虫体长 0.5~0.8 毫米，淡黄色。3 龄若虫（前蛹）黄色，复眼灰黑色。翅芽白色透明，伸达第 3 腹节。4 龄若虫(蛹)黄色，复眼前半部红色，后半部黑褐色。

【发生规律】

全年发生代数不详。在广东、云南多以成虫在花中越冬，而在云南西双版纳几乎无越冬现象。气温升高时，10 余天即可完成 1 代。在阴凉天气，成虫在叶面活动，中午阳光直射时，多栖息在花丝间或嫩芽叶内，行动活泼，能迅速弹跳，受惊后能短距离飞翔。卵产在嫩叶背面侧脉或叶肉内，孵化后，多喜潜伏在嫩叶背面锉吸汁液为害。在广东上半年少见，每年从 7 月至翌春 2 月均有所发现；下半年雨季过后，虫口增多，旱季为害最重，9~10 月呈现虫口高峰。

【防治方法】

1. 农业措施　冬季清除田间杂草，减少越冬虫源。适时灌溉，尤其是发生早春干旱时要及时灌水。

2. 粘捕　利用茶黄蓟马趋蓝色的习性，在田间设置蓝色粘板，诱杀成虫，粘板高度与作物持平。

3. 保护利用天敌昆虫　钝绥螨、蜘蛛等都是茶黄蓟马的天敌。

4. 药剂防治　在低龄若虫高峰期防治，尤其在柑橘开花至幼果期加强监测，当谢花后或幼果有虫时，即应开始施药防治。可以喷洒下列药剂：10% 吡虫啉可湿性粉剂 3 000 倍液，20% 甲氰菊酯乳油 2 000 倍液，2.5% 溴氰菊酯乳油 2 000 倍液，50% 马拉硫磷乳油 1 000 倍液等进行防治。可连用 2~3 次，间隔 7~10 天。

四七　柑橘长白蚧

柑橘长白蚧 *Lopholeuapis japonica* Cockerell，属半翅目盾蚧科。

【分布与寄主】

柑橘长白蚧是我国南方普遍分布的蚧类害虫，尤其在长江流域为害相当严重。其寄主种类极多，为害柑橘、苹果、梨、茶、含笑、桂花、花椒、龙眼等数十种经济树种。

【为害状】

若虫和雌成虫常年附着在桂花的枝叶上，用针状口器吸取汁液，使树势衰退，叶片脱落或卷曲，特别是在冬季落叶更严重，常使枝干枯死，开花减少或停止，产量下降。

柑橘长白蚧为害状

【形态特征】

1. **成虫**　雌成虫介壳灰白色，长纺锤形，前端附着 1 个若虫蜕皮壳，呈褐色卵形小点。雌成虫体长 1.4 毫米，宽 0.36 毫米，黄色，腹部有明显的 8 节。

雄成虫体长 0.66 毫米，翅展 1.6 毫米，淡紫色，有 1 对翅，翅白色，半透明。触角丝状，共 9 节。足 3 对。腹部末端有针状交尾器。

2. **卵**　长 0.2~0.27 毫米，椭圆形，淡紫色。

3. **若虫**　初孵化时，体长 0.31 毫米，椭圆形，淡紫色，腹部末端有尾毛 2 根。前蛹体长 0.63~0.92 毫米，宽 0.16~0.29 毫米，末端有毛 2 根。

4. **蛹**　体长 0.66~0.85 毫米，末端交尾器呈针状。

【发生规律】

柑橘长白蚧在浙江、湖南、江苏和安徽 1 年发生 3 代，主要以老熟若虫及前蛹在枝干上越冬。翌年 3 月中旬成虫羽化，3 月下旬至 4 月上旬为羽化盛期，4 月下旬为产卵盛期，5 月上旬第 1 代若虫孵化，5 月中下旬为孵化盛期，7 月为第 2 代若虫孵化盛期，8 月下旬至 10 月上旬为第 3 代若虫孵化盛期。世代重叠现象十分显著。高温低湿不利于柑橘长白蚧的生存、发育，最适温度为 20~25 ℃，最适相对湿度为 80% 以上。

已发现的天敌有长缨恩蚜小蜂、长白蚧长棒蚜小蜂等 6 种蚜小蜂，长白蚧阔柄跳小蜂等 3 种跳小蜂和捕食性天敌红点唇瓢虫。在自然情况下，长白蚧寄生率可达 13% 左右。红点唇瓢虫捕食量较大，在自然情况下能控制长白蚧为害。

【防治方法】

1. **苗木检疫**　新区发展柑橘时，应栽种无虫苗木。

2. **春季清园**　春季清园是控制长白蚧为害的最有效措施，生产上要求全面清园。

3. **药剂防治**　1 代长白蚧孵化期相对比较集中，宜于药剂防治，一般年份防治 1 次，发生严重的年份或橘园可连治 2 次。防治 1 次的，掌握在孵化盛末期往后推迟 3~5 天用药（一般年份在 5 月 25 日前后）。防治 2 次的，第 1 次掌握在孵化盛末期用药（一般年份在 5 月 20 日前后），隔 15~20 天后再防治第 2 次。可选用噻嗪酮、毒死蜱、吡虫啉、马拉硫磷等药剂防治。

四八　柑橘褐圆蚧

柑橘褐圆蚧 *Chrysomphalus aonidum*（L.）又称黑褐圆盾蚧、茶黑介壳虫、鸢紫褐圆蚧、茶褐圆蚧等，属半翅目盾蚧科。

【分布与寄主】

国内分布于贵州、四川、云南、河北、山东、江苏、浙江、福建、湖南、广东、广西、陕西、江苏和台湾等省（区）；国外分布于欧洲、美洲、亚洲、大洋洲。寄主植物已知有柑橘、椰子、茶树、无花果、石榴、蔷薇、棕榈、樟树、柠檬、香蕉、苏铁、银杏、杉、松、冬青、栗和玫瑰等。

【为害状】

主要为害叶片和果实，叶受害后褪绿呈黄褐色斑点，光合作用受阻，生长细弱。果实被害后，果面斑迹累累，品质下降，易脱落。虫量大时，橘株叶、枝、果布满介壳，树势衰弱。

柑橘褐圆蚧成虫与幼虫

【形态特征】

1. **成虫**　雌成虫介壳圆形，中部紫褐色或黑褐色，边缘白色或灰白色，由中部向上渐宽，高高隆起使介壳略呈圆锥形。蜕皮壳位于介壳中部，多呈褐色。虫体常呈长圆形，腹部较尖。雄成虫体长约 0.75 毫米，淡橙黄色，产于介壳下母体后方。足、触角、交尾器及胸部背面褐色。翅 1 对，透明。

2. 卵　长卵形，浅橙黄色，长 0.2 毫米，产于介壳下母体后方。

3. 若虫　共 2 龄，第 1 龄体长约 0.24 毫米，卵形，浅橙黄色。具足 3 对，触角和尾毛各 1 对，口针较长。第 2 龄除口针外，足、触角和尾毛都消失。

【发生规律】

柑橘褐圆蚧在福州 1 年发生 4 代，台湾 1 年发生 4~6 代，广东 1 年发生 5~6 代，湖南、江西和陕西汉中 1 年发生 3 代，后期世代重叠；大多以 2 龄若虫和少数受精雌成虫在叶片上越冬。

福州第 1 代若虫、成虫主要为害新梢叶片和幼果，第 2 代主要为害果实，在福州和广东均以夏、秋季为害果实最烈。江西赣县各代雌成虫产卵期依次在 4 月下旬至 5 月中旬、7 月上旬至下旬和 9 月下旬至 10 月下旬。陕西汉中各代若虫盛孵期分别在 5 月中旬、7 月中旬和 8 月下旬。

柑橘褐圆蚧行两性生殖，一般夜晚交尾。雌成虫寿命长达数月之久，雄成虫寿命短，仅2~5天。成虫产卵前期第1代约3周，第2代10天左右，第3代14~21天；产卵期长达2~8周，造成世代重叠。卵产在介壳下母体后方，不规则地堆积，繁殖力与营养条件有密切关系。为害果实的雌成虫，平均每头繁殖若虫145头；寄生在叶片上的雌成虫，平均每头繁殖若虫80头。卵期数小时至2~3天。若虫孵化后从介壳边缘爬出，转移到新梢、嫩叶、果实上，活动力强，能到处爬行，故称游荡若虫。经数小时至1~2天，找到适宜部位即固定取食。若虫喜在叶片及成熟果实上定居为害。雌虫主要固定在叶片正面，雄虫多数固定在叶片背面。若虫从孵化后到固定前的生活力较强。若虫固定后即分泌绵状蜡质形成绵壳，虫体增大至一定程度，蜕皮变为1龄若虫，并形成介壳，随虫体的长大继续分泌蜡质增大介壳，蜕第2次皮后变为雌成虫；雄虫先由幼虫变为前蛹，再蜕皮变为蛹，最后羽化为雄成虫。

现已发现其天敌有 12 种寄生蜂、9 种瓢虫、2 种草岭以及日本方头甲、红霉菌等。

【防治方法】

1. 农业防治　重剪虫枝，结合用药挑治，加强肥水管理，增强树势。

2. 生物防治　保护利用天敌，将药剂防治时期限制在第 2 代若虫发生前或在果实采收后，可少伤天敌。也可引移释放天敌。

3. 药剂防治　防治指标为 5~6 月 10% 的叶片（或果实）有虫，7~9 月 10% 的果实发现每果有若虫 2 头。可用药剂参考矢尖蚧。

四九　日本龟蜡蚧

日本龟蜡蚧 *Ceroplastes japonicas* Guaind 别名龟甲蚧、树虱子等，属半翅目蜡蚧科。

【分布与寄主】

在中国分布极其广泛，为害梨、苹果、柿、枣、桃、杏、柑橘、杧果、枇杷等大部分果树和 100 多种植物。

【为害状】

若虫和雌成虫刺吸枝、叶的汁液，排泄蜜露常诱致煤污病发生，削弱树势，重者枝条枯死。

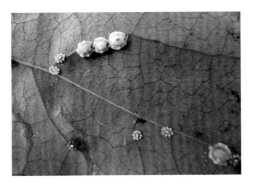

日本龟蜡蚧

【形态特征】

1. **成虫**　雌虫体背有较厚的白蜡壳，呈椭圆形，长 4~5 毫米，背面隆起似半球形，中央隆起较高，表面具龟甲状凹纹，边缘蜡层厚且弯卷，由 8 块组成。活虫蜡壳背面淡红色，边缘乳白色。活虫体淡褐色至紫红色。

雄虫体长 1~1.4 毫米，淡红色至紫红色，眼黑色，触角丝状。翅 1 对，白色透明，具 2 条粗脉。足细小，腹末略细，性刺色淡。

2. **卵**　椭圆形，长 0.2~0.3 毫米，初淡橙黄色，后紫红色。

3. **若虫**　初孵体长 0.4 毫米，椭圆形扁平，淡红褐色，触角和足发达，灰白色，腹末有 1 对长毛。固定 1 天后开始分泌蜡丝，7~10 天形成蜡壳，周边有 12~15 个蜡角。后期蜡壳加厚，雌雄形态分化，雄成虫与雌成虫相似，雄蜡壳长椭圆形，周围有 13 个蜡角似星芒状。

4. **雄蛹**　梭形，长 1 毫米，棕色，性刺笔尖状。

【**发生规律**】

日本龟蜡蚧 1 年发生 1 代，以受精雌虫主要在 1~2 年生枝上越冬。翌年春寄主发芽时开始为害，虫体迅速膨大，成熟后产卵于腹下。产卵盛期：南京 5 月中旬，山东 6 月上中旬，河南 6 月中旬，山西 6 月中下旬。每头雌虫产卵千余粒，多者 3 000 粒。卵期 10~24 天。初孵若虫多爬到嫩枝、叶柄、叶面上固着取食，8 月初雌雄开始性分化，8 月中旬至 9 月为雄化蛹期，蛹期 8~20 天，羽化期为 8 月下旬至 10 月上旬，雄成虫寿命 1~5 天，交尾后即死亡，雌虫陆续由叶转到枝上固着为害，至秋后越冬。可行孤雌生殖，子代均为雄性。

【**防治方法**】

1. **人工防治**　结合修剪剪除有虫枝条，或刷除枝条上的越冬雌成虫。

2. **药剂防治**　若虫孵化始盛期至被蜡盛期，选喷 40% 毒死蜱乳油 1 500 倍液或 50% 杀螟硫磷乳油，50% 辛硫磷乳油或 80% 敌敌畏乳油 1 000 倍液，机油乳剂 150 倍液，25% 噻嗪酮可湿性粉剂 1 500 倍液，喷 1~3 次，防治初孵若虫。

五〇 吹绵蚧

吹绵蚧 *Icerya purchasi* Maskell 又名黑毛吹绵蚧，俗称绵团蚧，属半翅目硕蚧科。一度对美国南加利福尼亚的柑橘业造成威胁，引进澳大利亚的瓢虫后，短期内即控制了该害虫。

【分布与寄主】

国内除西北、东北、西藏外，其他各省（区）均有发生（长江以北，只在温室内），在南方各省（区）为害较烈；国外亚洲、非洲、欧洲、大洋洲、美洲均有分布。寄主植物超过250种，除柑橘外，还常见于牡丹、金橘、柠檬、代代橘、佛手、山茶、含笑、常春藤、月季、海棠、鞭蓉、石榴等花卉及木麻黄、台湾相思、木豆、山毛豆等护田林木上，茶树上也有发生。

【为害状】

若虫、成虫群集在柑橘等植物的叶芽、嫩枝及枝条上为害，使叶色发黄，枝梢枯萎，引起落叶、落果，树势衰弱，甚至枝条或全株枯死，并能诱致煤污病，使枝叶表面盖上一层煤烟状黑色物，影响光合作用。

吹绵蚧为害柑橘树新梢

【形态特征】

1. 成虫　雌成虫体椭圆形，橘红色，腹面平坦，背面隆起，并着生黑色短毛，有白色蜡质分泌物。无翅，足和触角均黑色。腹部附白色卵囊，囊上有脊状隆起线 14~16 条。体长 5~7 毫米。

雄成虫体瘦小，长 3 毫米，翅展 8 毫米，橘红色。前翅发达，紫黑色，后翅退化成平衡棒。口器退化。腹端有 2 突起，其上各有长毛 3 条。复眼间有单眼 1 对。

2. 卵　长椭圆形，长 0.65 毫米，宽 0.29 毫米，初产时橙黄色，后变橘红色。密集于卵囊内。初孵若虫的足、触角及体上的毛均甚发达。取食后，体背覆盖淡黄色蜡粉，触角黑色，6 节。2 龄始有雌雄区别，雄虫体长而狭，颜色亦较鲜明。

3. 蛹　体长 3.5 毫米，橘红色，有白蜡质薄粉。茧白色，长椭圆形，茧质疏松，自外可窥见蛹体。

【发生规律】

吹绵蚧在我国南部 1 年发生 3~4 代，长江流域 1 年发生 2~3 代，华北地区 1 年发生 2 代，四川东南部 1 年发生 3~4 代，西北部 1 年发生 2~3 代。发生 2~3 代的地区主要以若虫及无卵雌成虫越冬，其他虫态亦有。

发生时期，各地亦异，浙江第 1 代卵和若虫发生盛期为 5~6 月，第 2 代为 8~9 月。四川第 1 代卵和若虫盛期为 4 月下旬至 6 月，第 2 代为 7 月下旬至 9 月初，第 3 代为 9~11 月。

若虫孵化后在卵囊内经一段时间始分散活动，多定居于新叶叶背主脉两侧，蜕皮时再换位置。2 龄后逐渐移至枝干阴面群集为害，雌虫成熟固定取食后终生不再移动，形成卵囊，产卵其中。产卵期长达 1 个月。每头雌虫可产卵数百粒，多者达 2 000 粒左右。雌虫寿命 60 天以上。卵和若虫历期因季节而异，在春季，卵期为 14~26 天，若虫期为 48~54 天；在夏季，卵期 10 天左右，若虫期则为 49~106 天。

雄若虫行动较活泼，经 2 次蜕皮后，口器退化，不再为害，即在枝干裂缝或树干附近松土杂草中做白色薄茧化蛹。蛹期 7 天左右。在自然条件下，雄虫数量极少，不及雌成虫数量的 1%。雄成虫飞翔力弱，羽化后 2~3 天即交尾。雌成虫常孤雌生殖，所以雄成虫数量少但不影响正常繁殖。

天敌对抑制吹绵蚧的大发生关系很大，已发现澳大利亚瓢虫、大红瓢虫、小红瓢虫和六斑红瓢虫是猎食吹绵蚧的专食性天敌，尤以澳大利亚瓢虫和大红瓢虫对吹绵蚧的控制作用更显著。

【防治方法】

1. **生物防治**　引放保护澳大利亚瓢虫，大、小红瓢虫等天敌昆虫，澳大利亚瓢虫在 50 株柑橘园中放到 3~5 株上，每株放 100~150 头，1 个月后即可控制吹绵蚧。引放澳大利亚瓢虫防治柑橘吹绵蚧害，全年均可进行，但以 3 月中旬吹绵蚧幼蚧盛孵前较好。瓢虫与成蚧比 1∶30。直接引放至果园或有蚧害的防护林带中，瓢虫即可形成群落，控制蚧害。

2. **药剂防治**　在该虫休眠期喷 3~5 波美度石硫合剂、45% 晶体石硫合剂 30 倍液、松脂合剂 10 倍液。若虫分散转移期施药最佳，虫体无蜡粉和介壳，抗药力最弱。可用下列药剂：25% 噻虫嗪 3 000~4 000 倍液，50% 马拉硫磷乳油 600~800 倍液，80% 敌敌畏乳油 800 倍液；每隔 10 天喷 1 次，连续喷 2~3 次；化学农药和矿物油乳剂混用效果更好，对已分泌蜡粉或蜡壳者亦有防效。

五一　堆蜡粉蚧

堆蜡粉蚧 *Nipaecoccus vastalor*（Maskell），属半翅目粉蚧科。

【分布与寄主】

主要分布于广东、广西、福建、台湾、云南、贵州、四川以及湖南、湖北、江西、浙江、陕西、山东、河北的局部地区。寄主植物除柑橘外，还有葡萄、龙眼、荔枝、黄皮、油梨、番荔枝、枣、茶、桑、榕树、冬青、夹竹桃等，造成果树枯梢和落果，影响经济价值。

【为害状】

若虫、成虫刺吸枝干、叶的汁液，重者叶干枯卷缩，削弱树势甚至枯死。

堆蜡粉蚧和幼蚧为害明柳甜橘

【形态特征】

1. **成虫** 雌成虫椭圆形，长 3~4 毫米，体紫黑色，触角和足草黄色。足短小，爪下无小齿。全体覆盖厚厚的白色蜡粉，在每一体节的背面都横向分为 4 堆，整个体背则排成明显的 4 列。在虫体的边缘排列着粗短的蜡丝，仅体末 1 对较长。雄成虫体紫酱色，长约 1 毫米，翅 1 对，半透明，腹末有 1 对白色蜡质长尾刺。

2. **卵** 淡黄色，椭圆形，长约 0.3 毫米，藏于淡黄白色的绵状蜡质卵囊内。

3. **若虫** 形似雌成虫，紫色，初孵时无蜡质。固定取食后，体背及周缘即开始分泌白色粉状蜡质，并逐渐增厚。蛹的外形似雄成虫，但触角、足和翅均未伸展。

【发生规律】

堆蜡粉蚧在广州每年发生 5~6 代，以若虫和成虫在树干、枝条的裂缝或洞穴及卷叶内越冬。2 月初开始活动，主要为害春梢，并在 3 月下旬前后出现第 1 代卵囊。各代若虫发生盛期分别出现在 4 月上旬、5 月中旬、7 月中旬、9 月上旬、10 月上旬和 11 月中旬。但第 3 代以后世代明显重叠。若虫和雌成虫以群集于嫩梢、果柄和果蒂上为害较多，其次是叶柄和小枝。其中第 1、2 代成、若虫主要为害果实，第 3~6 代主要为害秋梢。常年以 4~5 月和 10~11 月虫口密度最高。

【防治方法】

1. **农业防治** 加强果园栽培管理，剪除过密枝梢和带虫枝，集中处理，使树冠通风透光，降低湿度，减少虫源，减轻为害。

2. **生物防治** 要注意保护利用捕食性天敌和寄生性天敌，合理用药，不使用对天敌为害大的农药。

3. **药剂防治** 堆蜡粉蚧在幼虫初孵若虫阶段，取食前虫体都无蜡粉及分泌物，对农药较为敏感，掌握在初孵若虫盛发期，适时喷药。堆蜡粉蚧的防治重点在春梢期进行。可选用噻嗪酮、毒死蜱、吡虫啉、马拉硫磷等药剂防治。

五二　柑橘黑点蚧

柑橘黑点蚧 *Parlatoria zizyphus*（Lucas）又名方黑点蚧、黑片蚧、黑片盾蚧，属半翅目盾蚧科。

【分布与寄主】

分布普遍，以在南部橘产区为害较重，部分橘园严重成灾。寄主植物除柑橘类外，还有枣、椰子、茶、月桂等，在柑橘类中又以橙、柑、橘受害较重，柠檬、柚子受害较轻。

【为害状】

雌成虫和若虫常群集在叶片、枝条和果实上为害，并诱生煤污病，使枝叶干枯，果实延迟成熟，果形不正，色味俱变，严重影响树势和产量。

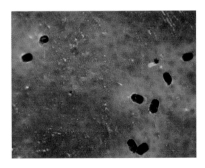

柑橘黑点蚧

柑橘黑点蚧为害柑橘果实

【形态特征】

1. 成虫　雌成虫介壳长 1.6~2.0 毫米，主要由若虫第 2 次蜕皮延长和扩大而成，近长方形，两端略圆，成虫长椭圆形，漆黑色，有 3 条纵脊，中央的 1 条断续不全，后端附有向后稍狭的灰褐色或带灰白色蜡质壳尾。

雄成虫淡紫红色，眼 1 对，甚大，黑色。有 1 对半透明前翅。足 3 对，甚发达。腹末有针状交尾器。

2. 卵　椭圆形，长约 0.25 毫米，紫红色。整齐排列成 2 行于母体下。

3. 若虫　1 龄若虫体近圆形，灰色，有 1 对触角、3 对足和 1 对短小尾毛，固定后分泌白绵状蜡质，后期体色变深。2 龄雌若虫椭圆形，体色更深，已形成漆黑色壳点，并在壳点之后形成白介壳。

【发生规律】

柑橘黑点蚧在多数橘产区 1 年发生 3~4 代，主要以雌成虫和卵，少数以若虫或雄蛹在枝叶上越冬。由于雌成虫寿命很长，可不断产卵，陆续孵化，并能孤雌生殖，在适宜温度下不断有新的若虫出现和发育成长，以致世代重叠，园间发生极不整齐。

卵产在介壳内母体下，整齐排列成 2 行。若虫孵化后即离开母体，行动活泼，称为蠕动期。而后固定在叶、梢、果上吸食汁液，体背分泌白绵状蜡质成白色小点状，称为绵壳期。若虫一般在 4 月下旬从上年梢叶迁移到当年春梢上为害，5 月下旬至 6 月中旬陆续蔓延至幼果，7 月下旬至 8 月上旬转害夏梢，果实上的虫口亦日增，8 月上中旬以后主要为害叶片和果实，并转害秋梢枝叶。叶片上虫口密度大时，常在叶面和叶背中脉两侧成排密布。为害果实多在幼果萼片和蜜盘处，虫口增加时，常以与叶片相接的果面较多，聚集成一片黑点。若越冬雌成虫平均每叶达 2 头以上，至果实成熟时可影响品质。柑橘黑点蚧由风力和苗木传播，但大风雨又能冲掉初孵若虫。荫蔽和生长衰弱的橘树均有利于柑橘黑点蚧的繁殖。

已发现柑橘黑点蚧的天敌盾蚧长缨蚜小蜂，其适应范围广，寄生率较高，在重庆年平均寄生率为 28.7%，从当年 7 月至翌年 4 月是其发生高峰期，寄生率为 16.7%~50.3%，以 9 月至翌年 2 月的寄生率最高，5~6 月寄生率最低。红点唇瓢虫亦是其常见的天敌。

【防治方法】

参考红圆蚧。

五三　角蜡蚧

角蜡蚧 *Ceroplastes ceriferus* Anderson 属半翅目蚧科。

【分布与寄主】

分布于黑龙江、河北、山东、陕西、浙江、上海等。寄主有苹果、梨、桃、李、杏、樱桃、桑、柑橘、枇杷、无花果、荔枝、杨梅、橘果、石榴等。

【为害状】

以成、若虫为害枝干。受此蚧为害后叶片变黄，树干表面凸凹不平，树皮纵裂，致使树势逐渐衰弱，排泄的蜜露常诱致煤污病发生，严重者枝干枯死。

角蜡蚧

【形态特征】

1.**成虫** 雌虫短椭圆形，长6~9.5毫米，宽约8.7毫米，高5.5毫米，蜡壳灰白色，死体黄褐色微红。周缘具角状蜡块：前端3块，两侧各2块，后端1块圆锥形，较大如尾，背中部隆起呈半球形。体紫红色。

雄虫体长1.3毫米，赤褐色，前翅发达，短宽微黄，后翅特化为平衡棒。

2.**卵** 椭圆形，长0.3毫米，紫红色。

3.**若虫** 初龄若虫扁椭圆形，长0.5毫米，红褐色；2龄若虫出现蜡壳，雌蜡壳长椭圆形，乳白微红，前端具蜡突，两侧每边4块，后端2块，背面呈圆锥形稍向前弯曲；雄蜡壳椭圆形，长2~2.5毫米，背面隆起较低，周围有13个蜡突。雄蛹长1.3毫米，红褐色。

【发生规律】

1年发生1代，以受精雌虫于枝上越冬。翌春继续为害，6月产卵于体下，卵期约1周。若虫期80~90天，雌虫蜕3次皮羽化为成虫，雄虫蜕2次皮为前蛹，进而化蛹，羽化期与雌虫同，交配后雄虫死亡，雌虫继续为害至越冬。初孵若虫雌虫多于枝上固着为害，雄虫多到叶上主脉两侧群集为害。每雌产卵250~3 000粒。卵在4月上旬至5月下旬陆续孵化，刚孵化的若虫暂在母体下停留片刻后，从母体下爬出分散在嫩叶、嫩枝上吸食为害，5~8天蜕皮为2龄若虫，同时分泌白色蜡丝，在枝上固定。在成虫产卵和若虫刚孵化阶段，降水量大小对种群数量影响很大，但干旱对其影响不大。

【防治方法】

1.**做好检疫消毒** 做好苗木、接穗、砧木的检疫消毒。

2.**人工防治** 剪除虫枝或刷除虫体。

3.**药剂防治** 初孵若虫分散转移期宜于药剂防治，一般年份防治1次。可选用噻嗪酮、毒死蜱、吡虫啉、马拉硫磷等药剂防治。

五四　矢尖蚧

矢尖蚧 *Unaspis yanonensis*（Kuwana）又称矢尖盾蚧、矢根介壳虫、尖头介壳虫，属半翅目盾蚧科。

【分布与寄主】

国内分布于山西、陕西、山东和各柑橘产区。国外日本、印度及大洋洲、北美洲有分布。矢尖蚧对柑橘的为害最为严重，成灾面积广，暴发频率高，农药品种和用量多，经济损失大。寄主植物有柑橘、橙、柚、柿、桃、梨、杏、葡萄、茶。

【为害状】

此虫为害柑橘叶片、枝条和果实，吸取营养液。轻则使叶褪绿发黄，果皮布满虫壳，被害点青而不着色，影响商品价值；重时树势严重衰退，不能抽枝和结果乃至全株死亡。矢尖蚧为害严重的树，柑橘炭疽病常混同发生，促使橘株早枯。

矢尖蚧雌蚧（上）雄蚧（白色）和幼蚧（小点）

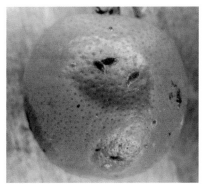

矢尖蚧在十月橘上越冬　　　　矢尖蚧为害柑橘

【形态特征】

1. **成虫**　雌成虫介壳长 2.4~3.8 毫米，宽约 1 毫米，褐色，壳缘有白边。前端尖，后端宽，背中有 1 条纵脊，形若矢。

雄成虫介壳狭长形，由白色蜡质粉絮物组成。介壳背部有 3 条纵脊，两侧平行，蜕皮壳位于前端，长 1.3~1.6 毫米。群聚成片，在叶上呈粉堆。雄成虫长约 0.5 毫米，翅 1 对，无色透明，翅展约 1.6 毫米，后翅为 1 根平衡棒。

2. **卵**　椭圆形，大小为 0.2 毫米 × 0.1 毫米，橘黄色，光滑。

3. **若虫**　刚孵化若虫橘黄色，扁平，长约 0.25 毫米，宽约 0.15 毫米，触角淡棕色，7 节，腹末端有尾毛 1 对，喜游动爬行。2 龄若虫定居吸食，淡黄色，长约 1 毫米，宽约 0.6 毫米。

4. **蛹**　橘黄色，长约 0.8 毫米，宽约 0.3 毫米。触角分节明显。3 对足渐伸展，尾片突出。

【发生规律】

贵州、四川、江西、湖北和湖南等省橘区 1 年发生 2~3 代，广东、广西、福建、云南和重庆的一些地区 1 年发生 3~4 代。各代重叠严重，多以受精雌虫越冬。卵产于母体介壳下，数小时可孵化出若虫，孵化率高达 80% 以上。在 3 代区，以越冬代（第 3 代）雌虫产卵最多，每头产 150~160 粒；第 1 代次之，为 120~150 粒；第 2 代最少，一般为 20~40 粒。从孵化和发育质量看，若虫数量多成虫数量少、雄虫多雌虫少。由于各世代雌虫产卵量差异很大，所以田间为害高峰和为害程度均与此一致。在贵州都匀，橘园矢尖蚧发生情况为 4 月中下旬至 5 月初越冬代成虫产卵；5 月上中旬为第 1 代幼虫为害高峰期；7 月中旬至 8 月上旬为第 2 代虫为害高峰期；9 月下旬至 10 月下旬为第 3 代虫为害高峰期，并以雌成虫于 11 月下旬进入越冬。成虫寿命 1~3 d，趋光性很强，可以诱集预测发生期。

矢尖蚧行两性生殖，不能孤雌生殖。雌成虫交尾后在日平均温度升达 19℃ 时开始产卵，气温降至 17℃ 以下即停止产卵。卵产在介壳下母体后端，卵的孵化率很高，可达 87%~100%。初孵若虫行动活泼，四处爬行，寻找适当位置，并能随风或动物传播到远方，活动 1~3 h 后即固定吸食汁液。雄若虫在 2 龄后分泌白色棉絮状蜡质，逐渐形成介壳，在介壳下蜕第 2 次皮变为前蛹，再蜕 1 次皮变为蛹，然后羽化为成虫。

雌蚧分散寄生为害，雄蚧绝大部分群集在叶背为害。开始大多在树冠下部和内层荫蔽部分呈星点状发生，以后逐渐向上部和外层蔓延。在荫蔽或树冠大、不通风透光的橘园，常为害严重。1~2 龄雌若虫、1 龄雄若虫及雄成虫对药剂敏感，2 龄雄若虫有介壳覆盖而不易杀伤，雌成虫抗药力最强。

日本方头甲寄主相当广泛，是盾蚧科害虫的重要天敌，也是控制柑橘矢尖蚧的优势种群，是田间自然控制矢尖蚧的重要因素。

【防治方法】

1. 农业防治　在冬季植株休眠时进行修剪，留下十余枝骨干枝，施足基肥，春梢抽发时按方位、层次抹弱留强，形成新的树冠，2年便可成为丰产树。

2. 药剂防治　防治策略是控两头压中间（代），由于越冬代雌虫产卵期长、卵量大，所以在为害严重的园地，防治第1代一般要进行2次。对矢尖蚧虫量不大的果园，不防、兼防或全年仅防治1次。选择药剂以无毒高脂膜、95%机油乳剂或对天敌毒性小的品种为宜。以若虫分散转移期施药效果好，虫体无蜡粉和介壳，抗药力弱。可选用22%氟啶虫胺腈悬浮剂，有效成分用药量36.67~48.8毫克/千克，喷雾；48%毒死蜱乳油1 000~1 500倍液，25%喹硫磷乳油1 000~1 500倍液，25%噻嗪酮可湿性粉剂1 500倍液，20%吡虫啉可湿性粉剂2 000倍液，25%噻虫嗪水分散粒剂5 000倍液，30%硝虫硫磷乳油800倍液，30%噻嗪酮·毒死蜱乳油2 000倍液，30%吡虫啉·噻嗪酮悬浮剂2 500倍液，20%啶虫脒·毒死蜱乳油800~1 000倍液。喷雾树冠叶正背两面和枝果，小若虫高峰期施药。

3. 生物防治　保护利用天敌。矢尖蚧的主要天敌有整胸寡节瓢虫、湖北红点唇瓢虫、矢尖蚧小蜂、花角蚜小蜂、黄金蚜小蜂等，可加以保护和利用。

五五 白轮盾蚧

白轮盾蚧 *Aulacaspis crawii*（Cockerell）别名柑橘白轮盾蚧、白轮蚧、牛奶子白轮蚧、米兰白轮蚧，属半翅目盾蚧科。

【分布与寄主】

分布于辽宁、内蒙古、山西、河北、安徽、浙江、上海、湖北、福建、台湾、广东、海南、广西、贵州、云南、四川等。北方均在温室内发生。寄主有柑橘、月桂、桂花、南天竹、四季米兰、九里香、木槿、悬钩子、牛奶子、菝葜等。

【为害状】

以若虫、成虫在寄主植物的枝条和叶片上刺吸为害。发生严重时布满整个枝条和叶片，几乎全为白色；还大量分泌蜜露，导致煤污病的严重发生。

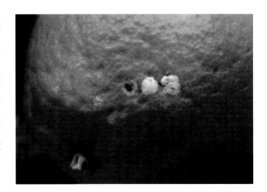

白轮盾蚧

【形态特征】

1. 成虫　雌介壳近圆形，略隆起；介壳直径为2.5~3毫米，灰白色；壳点接近边缘，相当大，有的在边缘上或近中心；第1壳点淡黄色；第2壳点淡褐色。雌成虫体长1.5毫米，宽1.0毫米；长形。

雄介壳长条形，长1.2~1.5毫米，宽0.4~0.5毫米；白色，蜡

质状,两侧平行,背面有 3 条脊线,中脊线最明显。雄成虫体长 0.9
毫米,宽 0.35 毫米,翅展 1.5 毫米;长卵形;橘黄色。

2. 卵　长椭圆形,长 0.3 毫米,宽 0.15 毫米,初产为黄褐色,
近孵化时为紫红色,半透明。

3. 若虫　2 龄若虫椭圆形,长 0.7~0.8 毫米,宽 0.5 毫米;橘
黄色;触角、眼、足退化。雄蛹体长 0.75 毫米,宽 0.25 毫米;
黄褐色,眼暗红色,附肢及翅芽黄色,触角长达身体的 2/3。

【发生规律】

北方温室内 1 年发生 2 代,南方各地 1 年发生 3~4 代。以受
精雌成虫越冬。2 代地区每年 4 月下旬至 5 月上旬及 8 月中旬至
9 月下旬为孵化盛期。雄虫 7 月上旬出现,第 2 代雄虫 10 月上旬
出现。发生 3 代地方,每年 3 月下旬至 4 月中旬产卵,4 月中下
旬为产卵盛期,5 月中旬为孵化盛期,7 月中旬为第 2 代孵化盛期,
9 月中下旬为第 3 代孵化盛期。每头雌虫平均产卵 120 余粒,成
堆产于介壳内。1 龄若虫期 2~3 d。该蚧世代重叠。

【防治方法】

1. 农业防治　结合修剪等管理,及时剪除受害严重的枝叶并
集中深埋。

2. 药剂防治

(1)柑橘休眠期,喷施 5 波美度石硫合剂,或松脂合剂 8~10
倍液,可有效地降低越冬虫口密度。

(2)若虫孵化盛期后7天内,在未形成蜡质或刚开始形成蜡
质层时,向枝叶喷施药剂,药剂种类可参考矢尖蚧防治,不同药
剂交替使用,每隔7~10天喷洒1次,连续喷洒2~3次,可取得良好
的效果。喷药的关键在于抓住时机(若虫期),一旦介壳形成,
喷药难以见效。

五六　糠片蚧

糠片蚧*Parlatoria peragandii* Comstock又称糠片盾蚧、灰点蚧，属半翅目盾蚧科。

【分布与寄主】

分布普遍，国内南北方均有发生；国外在亚洲、欧洲、美洲、非洲、大洋洲均有分布。寄主植物很多，以柑橘、茶、月桂、樟树、山茶等受害较重，寄主达198种植物。柑橘枝叶、果实和苗木主干均可受害。

【为害状】

被害处枯黄干缩或生黄斑，诱生煤污病，造成枝叶和苗木枯死，严重影响树势、产量和果实品质，是为害成灾的主要害虫之一。

糠片蚧为害柑橘果实

糠片蚧为害十月橘

【形态特征】

1. **成虫** 雌成虫介壳长 1.6~2.2 毫米，形状和颜色常不固定，常与糠片相似。雄成虫介壳较小，长 0.8~0.85 毫米，狭长形。雌成虫体长为 0.7~0.8 毫米，常小于介壳长的一半，近圆形或椭圆形，淡紫红色至紫红色。雄成虫体长约 0.4 毫米，淡紫色或紫红色。触角和翅各 1 对。足 3 对。腹末有很长的针状交尾器和 2 个瘤状突起。

2. **卵** 长椭圆形，长约 0.2 毫米，淡紫红色。

3. **幼虫** 2 龄若虫体长 0.6~0.8 毫米，雌虫圆锥形，淡红色；雄虫长椭圆形，紫红色。雌若虫介壳较雄的大，近圆形，较薄，黄褐色；雄若虫介壳狭长形，灰白色。壳点均为 1 个，较小，椭圆形，浅黑褐色，位于介壳前端。雄蛹长椭圆形，紫红色，腹末有交尾器和 1 对尾毛。

【发生规律】

糠片蚧在长江流域橘产区大多 1 年发生 3~4 代，世代重叠，主要以雌成虫及其腹下的卵在柑橘枝叶及苗木主干上越冬，少数以 2 龄若虫越冬，极少数雄蛹也可越冬。

雌成虫寿命 4 个月以上，雄成虫仅 1~2 天。雌成虫能行两性生殖和孤雌生殖，产卵期长达 80 天以上，造成世代重叠。每一头雌虫可产卵 30~90 粒，平均 60 粒左右。若虫孵化后从介壳后端爬出，在枝梢、果实上选择适宜部位，经 1~2 小时至 2 天固定吸食汁液，终生不再移动，亦可在母体介壳下固定为害，固定后分泌白色蜡质覆盖虫体。第 1 代主要固定在枝、叶上为害；从第 2 代开始数量显著增加，并主要转移到果实上固定为害。

糠片蚧喜寄生在荫蔽或光线不足的枝叶上，常聚叠成堆。叶片上主要集中在中脉附近或凹陷处，叶面虫数常为叶背的 2~3 倍。果实上多定居在油胞凹陷处，尤其在果蒂附近，常被叶片、萼片覆盖，较为阴暗处，虫数更多。一般成年树较幼树发生严重，栽植密度大、树冠密闭封行的树发生亦严重。

天敌有盾蚧长缨蚜小蜂、黄金蚜小蜂、杂食蚜小蜂、短缘毛蚜小蜂、长缘毛蚜小蜂、瘦柄豹纹花翅蚜小蜂等多种寄生蜂，此外尚有草蛉、蓟马、瓢虫、方头甲等捕食性天敌。其中盾蚧长缨蚜小蜂和黄金蚜小蜂的自然寄生率较高，对糠片蚧有较大的抑制作用，应注意保护利用。

【防治方法】

1. **农业和人工防治**　冬季清园，结合修剪清除虫枝、虫叶、虫果，集中处理。平时要剪除虫量多的叶、枝，在卵孵化之前剪除虫枝，集中处理。

2. **生物防治**　蚧类的天敌种类很多，对一些有效天敌应加强保护、放饲和人工转移。

3. **药剂防治**　应注意在第一代若虫盛发期喷药，重发树应每隔 10~15 天及时喷药，药剂可选用 10% 吡虫啉可湿性粉剂 2 000 倍液。也可参考矢尖蚧防治用药。

五七　紫牡蛎盾蚧

紫牡蛎盾蚧 *Mytllaspis beckii*（Newman）属半翅目盾蚧科。

【分布与寄主】

分布于华南、西南、华中及华东，北方温室。主要为害柑橘、柠檬、梨、无花果、葡萄、可可、九里香等。

【为害状】

以若虫、成虫在寄主植物的枝条和叶片上刺吸为害。发生严重时布满整个枝条和叶片；还大量分泌蜜露，导致煤污病的发生。

紫牡蛎盾蚧为害柑橘果实

【形态特征】

1. **成虫**　雌成虫介壳牡蛎形，长2~3毫米，红褐色或特殊紫色，边缘淡褐色，前狭，后端相当宽，常弯曲，隆起，具很多横皱轮纹；壳点2个，位于前端，第1壳点黄色，第2壳点红色，被有分泌物，腹壳白色，完整。虫体纺锤形，长1~1.5毫米，淡黄色，臀前腹节侧突起极明显，并向后弯曲。雄成虫介壳长约1.5毫米，形状、色泽和质地同雌介壳；壳点1个，位于前端。虫体橙色，具翅1对。

2. **若虫**　孵化时椭圆形，淡黄色，触角、足等均发达。

【发生规律】

长江以南地区 1 年发生 2~3 代,世代重叠,温室内可常年发生。丛密、荫蔽、潮湿处发生重, 常诱发煤污病。

其天敌昆虫有红点唇瓢虫, 成虫、幼虫均可捕食此蚧的卵、若虫、蛹和成虫;6 月后捕食率可高达 78%。此外, 还有寄生蝇和捕食螨等。

【防治方法】

可参考矢尖蚧。

五八　红圆蚧

红圆蚧 *Aonidiella aurantii*（Maskell）又称红圆蹄盾蚧、红肾圆盾蚧，属半翅目盾蚧科。

【分布与寄主】

分布普遍，亚洲、欧洲、非洲、大洋洲、美洲均有分布。寄主植物有 61 科 370 余种，在我国主要为害柑橘类，亦普遍寄生于香蕉、葡萄、椰子、苹果、柿、波罗蜜、山茶、茶等果树和经济植物。

【为害状】

雌成虫和若虫群集在枝干、叶片及果实上为害。苗木常自主干基部到顶叶正、背面均有发生，在成年大树上多寄生于顶部嫩枝丫及叶片正、背面，但亦有寄生在主干基部直至主枝上的。且常和其他蚧类杂集一处为害，严重时常层叠满布于枝叶上，可使枝叶或整株苗木枯死。

红圆蚧为害柑橘果实（小白点为幼蚧）　　　红圆蚧为害柑橘新梢

【形态特征】

1. 成虫　雌成虫介壳圆形或近圆形，直径为 1.8~2.0 毫米，橙红色至红褐色，壳点 2 个，橘红色或橙红色，不透明，第 1 壳点近暗褐色，稍隆起，重叠位于介壳中央呈脐状。雄介壳椭圆形，长约 1 毫米。壳点 1 个，圆形，橘红色或黄褐色，偏于介壳一端。雌成虫产卵前卵圆形，长为 1.0~1.2 毫米，背、腹面高度硬化。

雄成虫体长为 1 毫米左右，橙黄色。眼紫色。有触角、足、前翅和交尾器。

2. 卵　椭圆形，很小，淡黄色至橙黄色。产于母体腹内，孵化后才产出若虫，犹如胎生。

3. 若虫　1 龄若虫长约 0.6 毫米，长椭圆形，橙黄色，有触角和足，能爬行。2 龄若虫足和触角均消失，体渐圆，近杏仁形，橘黄色，后渐近肾脏形，橙红色，介壳亦渐扩大变厚。

【发生规律】

1 年发生 2~4 代。在浙江黄岩 1 年发生 2 代，以受精雌成虫在枝叶上越冬。6 月上中旬胎生第 1 代若虫，8 月中旬变为成虫；9 月上旬胎生第 2 代若虫，10 月中旬变为成虫。江西南昌 1 年发生 3 代，以 2 龄若虫在枝叶上越冬。各代若虫胎生期分别在 5 月中旬至 6 月中旬、7 月底至 9 月初和 10 月中下旬；雄成虫羽化期分别在 4 月中下旬，7 月和 8 月中旬至 10 月上旬，羽化盛期在 4 月中旬、7 月中旬和 9 月上中旬。在温暖地区 1 年可发生 4 代。

天敌有黄金蚜小蜂、岭南黄金蚜小蜂、红圆蚧黄褐蚜小蜂、中华圆蚧小蜂、双带巨角跳小蜂等 10 余种寄生蜂和整胸寡节瓢虫等数种瓢虫。其中黄金蚜小蜂和双带巨角跳小蜂在果园间很普遍，寄生率亦高。

【防治方法】

防治柑橘蚧类，应采用多种有效措施，开展综合防治，才可以有效地控制为害。吹绵蚧应以生物防治为主，辅以人工防治和药剂防治。其他蚧类的防治，目前仍以药剂防治为主，但应注意天敌的保护和利用。

1. 实行检疫监测　蚧虫常随苗木、接穗等的调运而传播。调运苗木、接穗应实行检疫。

2. 农业和人工防治　结合修剪，在卵孵化之前剪除虫枝，集中处理。

3. 药剂防治　盾蚧类着重在第 1 代若虫盛发期，其他蚧类从若虫盛孵期开始，重发树每隔 10~15 天及时周密地喷药防治 2~3次，发生少的树在冬季喷药防治。

防治若虫效果较好的药剂有 95% 机油乳剂 150~200 倍液（应注意 7 月以后施用会降低果实含糖量），柴油乳剂 100 倍液，喹硫磷、毒死蜱等有机磷剂与机油乳剂 1 :（50~70）:（2 500~3 500）混合液；25% 噻嗪酮可湿性粉剂 1 000~2 000 倍液，或 10% 吡虫啉 1 500 倍液，对天敌较安全，残效期 1 个月以上；25% 喹硫磷乳油 1 000~1 500 倍液，对天敌毒性比一般有机磷杀虫剂低。

上述药剂的有机磷杀虫剂，对蚧类和螨类等的天敌杀伤力大，必须与其他类型的药剂交替施用，或与油乳剂混用，降低其施用浓度。

4. 生物防治　蚧类的天敌种类颇多，特别是对一些有效天敌（如捕食吹绵蚧的大红瓢虫、澳大利亚瓢虫，寄生在盾蚧类的金黄小蚜蜂等），应加强保护、放饲和人工转移，以控制介壳虫的为害。

五九　柑橘全爪螨

柑橘全爪螨 *Panonychus citri* McGregor 又名柑橘红蜘蛛、瘤皮红蜘蛛，属叶螨总科叶螨科。

【分布与寄主】

柑橘全爪螨遍布全国橘产区，也是世界性柑橘害螨，是我国柑橘产区的最主要害螨。除主要为害柑橘类外，还为害桑、梨、枇杷等 30 科 40 多种多年生和一年生植物。柑橘苗木、幼树和大树均受其害，以苗木和幼树受害最烈。

【为害状】

成螨、若螨和幼螨刺吸柑橘叶片、嫩枝和果实等的汁液。以叶片受害最重，在叶片正反两面均栖息为害，而以中脉两侧、叶缘及凹陷处为多，被害叶片呈现许多粉绿色至灰白色小点，失去光泽，严重时一片苍白，引起大量

柑橘全爪螨雌螨与雄螨成螨

落叶和枯梢，被害果实除呈灰白色外，害螨还多群集在果萼下为害，常使被害幼果脱落，严重影响产量和树势。

【形态特征】

1. 成螨　雌成螨体长 0.3~0.4 毫米，卵圆形，暗红色。背部

柑橘全爪螨为害叶片，被害叶片失绿

及背侧面有瘤状突起，其上各生 1 根白色长刚毛，共 13 对刚毛，足 4 对。雄成螨体略小，长约 0.3 毫米，楔形，腹部后端较尖细，鲜红色，足较长。

2. **卵**　球形，略扁，直径约 0.13 毫米，鲜红色，有光泽。顶端有 1 个垂直卵柄，柄端有 10~12 条向四周散射的细丝，附着于叶、果、枝上。幼螨体长约 0.2 毫米，淡红色，足 3 对。

3. **若螨**　似成螨，但体较小，足 4 对。1 龄若螨体长0.20~0.25 毫米，2 龄若螨 0.25~0.30 毫米。

【发生规律】

柑橘全爪螨在年平均温度 15 ℃以上的长江中下游大部分橘产区，1 年发生 12~15 代；17~18 ℃的四川东南部橘产区，1 年发生 16~17 代；20 ℃以上的华南橘产区，1 年发生 18~24 代，世代重叠。主要以卵和成螨在叶背和枝条裂缝中，特别是在潜叶蛾为害的僵叶上越冬。秋梢上的越冬密度常比夏、春梢上的大 2~4 倍，冬季温暖地区无明显越冬休眠现象。在成龄橘园，一般 2~8 月为发生期，3~6 月为高峰期，开花前后常造成大量落叶，7~8 月高温季节数量很少，部分橘产区在 9~11 月发生亦多，有的年份在秋末和冬季大发生，造成大量落叶和成熟果实严重被害。以化学防治为主的橘园，由于失去钝绥螨等多种有效天敌的控制作用，其发生为害高峰期长达 10 个月左右。为害苗木和幼树，常在春末盛夏和秋末冬初盛发，出现两个高峰期。

【防治方法】

对柑橘全爪螨的防治，应加强橘园栽培管理，因地制宜地种植覆盖植物，前期喷药防治和后期保护与释放天敌的综合防治措施。

1. **药剂防治**　根据虫情测报，在柑橘现蕾期和春梢芽长 1 厘米左右时，中亚热带橘产区平均百叶有螨 2~3 头，百叶天敌在 2 头以下，南、北亚热带橘产区每叶有螨 5 头左右，百叶天敌不足 8 头，应喷药防治。各橘产区春季也可在 50% 左右的叶片有螨、天敌数量少、气候条件又有利于螨的种群继续上升时，喷药防治。在冬季气温较低的大多数橘产区，螨和卵均处于相对休眠阶段，一般冬季可不必喷药防治，而在冬季气温较高和冬春干旱的橘产区，则应在采果后立即喷药防治。

防治的重点是保护好春梢，在南亚热带橘产区还应保护好秋梢。春梢抽发时由于气温较低，全爪螨在橘园的分布常存在中心螨株，在冬卵盛孵期芽长 3~5 厘米时，达到上述防治指标的树应喷药挑治，压低虫口，有利于保护利用天敌。

在叶螨始盛期，叶面喷洒 24% 螺螨酯悬浮剂 5 000 倍液或 5% 唑螨酯乳油 2 000 倍液，或 15% 哒螨灵乳油 1 000 倍液，20% 四螨嗪悬浮剂有效成分用药量 100~166.7 毫克 / 千克，喷雾。有效药剂还有毒死蜱、丁醚脲、阿维菌素、唑螨酯、双甲脒、乙螨唑、联苯肼酯、噻螨酮、氟啶胺、三唑锡等。为避免产生抗药性，以上杀螨剂交替使用。

　　2.农业防治　干旱季节及时灌水，必要时还要树冠喷水，保证橘园有充足的水分和湿度，有利于寄生菌、捕食螨等天敌的发生和流行，造成对害螨不利的生态环境，减轻为害。施足基肥，增施饼肥。若因防治失时引起新梢叶片褪色，可在药液中加入0.5%的尿素进行根外追肥，促使叶片转绿。

　　3.生物防治　除做到药剂防治与生物防治的协调，借以保护和充分发挥天敌对害螨的控制作用以外，还应利用钝绥螨和食螨瓢虫等有效捕食性天敌，积极开展生物防治。

六〇　柑橘锈螨

柑橘锈螨 *Phyllocoptruta oleivora* Ashme. 又名柑橘锈壁虱、柑橘黑皮螨、锈蜘蛛、叶刺瘿螨等,俗称"铜病""牛皮柑""象皮柑",是橘园最常见的害虫之一,属蜱螨目瘿螨科。

【分布与寄主】

主要分布于贵州、云南、四川、广东、广西、湖北、湖南、福建、浙江、陕西等省（区）。日本、加拿大、美国也有发生。只为害柑橘类,以橘、柑、橙、柚和柠檬受害普遍。

【为害状】

成螨和若螨群集于叶、果和枝梢上,刺破表皮细胞吸食营养液。叶片和果实受害后油胞被破坏,内含芳香油溢出,经氧化而呈黑褐色,果成黑皮果,叶成锈叶。由于黑皮果皮粗糙龟裂,无正常果色,商品价低。

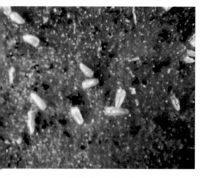

柑橘锈螨放大

柑橘锈螨为害柑橘果实状

【形态特征】

1. **成螨**　体长 0.1~0.2 毫米，胡萝卜形，橘黄色。头细小前伸，具颚须 2 对。头胸部背面平滑，有足 2 对。腹部密生环纹，背部环纹 28 条，腹面约 58 条，腹末端生长纤毛 1 对。

2. **卵**　圆球形，极微小，直径约 0.04 毫米，表面光滑，灰白色，半透明。

3. **幼螨**　楔形，灰白色，半透明，光滑，环纹不明显，足 2 对。

4. **若螨**　体型似幼螨，约大 1 倍，淡黄色，足 2 对。

【发生规律】

柑橘锈螨在大部分橘产区 1 年发生 18~20 代，华南等南亚热带橘产区可发生 24~30 代，有显著的世代重叠现象。以成螨在柑橘枝梢的腋芽缝隙和害虫卷叶内越冬，或在柠檬秋花果的果梗处萼片下越冬，在广东常在秋梢叶片上越冬。越冬的死亡率高，在日平均温度 10 ℃以下停止活动，大部分橘产区冬季有 2~3 个月不产卵。2~3 月间当白天温度达 15 ℃以上时，越冬成螨便可活动取食；日平均温度达 15 ℃左右，春梢萌发期间开始产卵，以后逐渐迁至新梢嫩叶上，群集在叶背中脉两侧为害，有的年份在 4 月中旬即大发生，严重为害当年生春梢叶片。5~6 月蔓延到果实上为害，常在 6 月下旬以后迅速繁殖，7~10 月为发生盛期，尤以 7~8 月为高峰期，为害果实亦常以 7~8 月最烈。果面布满螨体和蜕皮，犹如一薄层灰尘，有的地区在 6 月即严重为害果实，直至 10 月为害仍重。8 月以后部分虫口转移到当年生秋梢叶片上为害，在冬季温暖地区，11 月到翌年 1 月中旬，在叶片和果实上仍可见其取食为害。

【防治方法】

1. **农业防治**　高温干旱季节，灌水抗旱；增施有机质腐熟肥，改善果园生态条件，增强树体的抗虫能力；冬季清园，剪除枯病枝、残弱枝，树干刷石灰水一次，以消灭越冬虫源。

2. 生物防治　释放捕食螨的时间应根据当地的条件，果树的生长情况和病虫害发生的种类与发生时期及红蜘蛛的虫口密度而定，一般在春季日均温 20 ℃以上，秋季 9 月 10 日前果园用药低峰期释放。晴天要在下午 4 时后释放，阴天可全天进行，雨天（或近期预告 5 天内有连续降雨日）不宜进行。释放时，将装有捕食螨的包装袋在一边剪长 2 厘米左右的细缝，用图钉或铁丝固定在不被阳光直射的树冠中间下部枝杈处，袋口和底部与枝干充分接触，并注意防止雨水、蜗牛、鼠、蚂蚁、鸟等的侵害。

3. 药剂防治　在柑橘锈螨初发期，特别是柑橘锈螨还没有上果的时候进行防治。日平均温度 20 ℃时，每放大镜视野为 5~10 头，25~28 ℃时每视野为 5 头。一般应连续防治 2 次。可用下列药剂：50 克/升虱螨脲乳油 1 500~2 500 倍液，25%除虫脲可湿性粉剂3 000~4 000 倍液，5%唑螨酯悬浮剂 800~1 000 倍液，5%氟虫脲可分散液剂 1 000 倍液，40%毒死蜱乳油 1 500 倍液，2%阿维菌素乳油 5 000 倍液。有效药剂还有丁硫克百威、苯丁锡、螺螨酯等。

六一 柑橘始叶螨

柑橘始叶螨 *Eotetranychus kankitus* Ehara 又名四斑黄蜘蛛、柑橘黄蜘蛛，属蜱螨目叶螨总科叶螨科。

【分布与寄主】

柑橘始叶螨在我国分布于大部分橘产区，常在四川、贵州和湘西、桂北、鄂西北、陕南、甘南等日照短的橘产区为害成灾，闽北和赣中的部分橘产区也常有发生。国外日本、印度也有分布。主要为害柑橘类，也为害桃、葡萄、豇豆、小旋花、蟋蟀草等。柑橘叶片、嫩梢、花蕾和幼果均受其害，常以春梢嫩叶受害重，有的年份和地区比全爪螨的为害性大。

【为害状】

幼螨、若螨和成螨常密集在叶背中脉或侧脉两侧及叶缘处为害，嫩叶被害形成向正面突起的黄色凹斑，并有丝网覆盖其上，严重时嫩叶畸形扭曲，老叶被害形成

柑橘始叶螨

黄色斑块。为害果实多在果萼下或果皮低洼处刺食汁液，使果皮形成灰白色小点。大发生年份造成大量落叶、落花、落果和枯梢，影响当年产量和树势。

柑橘始叶螨为害叶片初期，叶
片有变形黄斑

柑橘始叶螨在叶背为害状

【形态特征】

1. **成螨**　雌成螨体长 0.35~0.42 毫米，近梨形或椭圆形，淡黄色至橙黄色，越冬个体色较深，背面有 13 对横列为 7 排的白色长刚毛，有 1 对橘红色眼点，体背两侧常有 4 块明显的多角形黑斑，足 4 对。雄成螨体较小，长约 0.3 毫米，近楔形，尾端尖细。

2. **卵**　圆球形，光滑，直径为 0.12~0.14 毫米，初产时乳白色，透明，后变为橙黄色，顶端有 1 根卵柄。

3. **幼螨**　近圆形，长约 0.17 毫米，初孵时为淡黄色，以后雌螨背面可见 4 个黑斑，足 3 对。

4. **若螨**　体形似成螨，略小，1 龄若螨体色与幼螨相似，2 龄若螨体色较深，足 4 对。

【发生规律】

柑橘始叶螨在年平均温度 15~16 ℃的橘产区，1 年发生 12~14 代，在 18 ℃左右的橘产区可发生 16 代以上，世代重叠，多以成螨和卵在潜叶蛾为害的秋梢卷叶内，或在树冠内部和下部的当年生春、夏梢叶背越冬。其越冬虫口密度的大小，可作为翌年春季是否大发生的依据。冬季气温在 1~2 ℃时，越冬成螨停止活动，3 ℃以上开始活动，5 ℃左右照常产卵，无明显休眠现象，但卵多不孵化。早春即开始繁殖，在 2~5 月间大发生，尤以 3~4 月为全年发生最盛期，其盛发期常比柑橘全爪螨早 1 个月左右，严重为害春梢嫩叶。6 月以后虫口数量急剧下降，10 月以后又有回升，为害秋梢嫩叶，如果盛夏温度较低且多雨阴暗，则在秋末冬初局部地区可能为害成灾。

卵多散产在叶背中、侧脉两侧，每头雌螨平均产卵 10.4~67.5 粒，最多可产 150 粒以上，最少仅 3 粒。

该螨喜在荫蔽的树冠内部和中下部叶背为害，比柑橘全爪螨受风雨和日照的影响小。苗木和低龄幼树比荫蔽的成年树发生少，受害轻。其他如雨量、树势和天敌等因素对该螨发生的影响，以及从老叶向新叶转移为害的习性，大致与柑橘全爪螨相似。

【防治方法】

1. **生物防治**　3~5 月每叶有柑橘始叶螨 0.5~1 头时释放钝绥螨。每株 10 年生、树冠体积 3 立方米的树放 300~600 头，个别虫口密度大的树可放 1 000 头以上，并通过水肥管理，间种覆盖植物和协调药剂防治，保持相对稳定的天敌种群。

2. **药剂防治**　柑橘始叶螨的发生盛期一般比柑橘全爪螨早半个月左右，故其防治适期应在春梢芽长约 1 厘米时，平均每叶有螨 1~2 头，百叶天敌在 2 头以下；春梢芽长 3~5 厘米至春梢自剪，平均每叶有螨 3~5 头，天敌不足 8 头；春梢自剪以后，平均每叶有螨 5 头以上，每叶天敌不足 0.1 头时，分别开展药剂防治，防治药剂可参考柑橘全爪螨。

六二　　柑橘芽瘿螨

柑橘芽瘿螨 *Eriophyes sheldoni* Ewing 又名柑橘瘤壁虱、胡椒子、瘤疙瘩、瘤瘿螨，属蜱螨目瘿螨科。

【分布与寄主】

分布于贵州、云南、四川、广西、陕西、湖南、广东和湖北等省（区），以前 3 省发生最为普遍；美国也有分布。寄主植物仅限于柑橘类，如金橘、红橘、温州蜜橘、酸橙、柠檬等。

【为害状】

主要为害春、夏抽出的幼嫩芽、叶片、花蕾和果蒂的幼嫩组织，形成虫瘿。受害严重的树，枝梢和花芽抽长很少，零星地挂上几个小果，满枝尽是大大小小的疙瘩，树势受到严重影响，几乎绝收。对于这类弱树，褐天牛和坡面材小蠹等趋集蛀害，加速了果园的衰败。

柑橘芽瘿螨虫瘿

【形态特征】

1. **成螨**　体长约 0.18 毫米，宽约 0.05 毫米，橙黄色。头、胸合并，短而宽。腹部呈筒状，细长。口器前伸，筒状，侧生下颚须 1 对，足 2 对。腹部环纹约有 70 条，且背腹面环距相等。生殖器在腹前端，雌体约呈五角形，上具盖片。雄虫体形稍小，生殖器不呈五角形。

2. 卵　乳白透明，0.03~0.05 毫米，不规则球形。

3. 幼螨　初孵化时约呈三角形，蜕皮时若虫在虫蜕内隐现。

4. 若螨　体长 0.12~0.13 毫米，橘黄色，体形与成虫相似，看不见生殖器。腹面环纹约有 46 条，背面约有 65 条。

【发生规律】

由于柑橘芽瘿螨各虫态全年都在瘿中生活，无法了解其自然发育进度，所以世代不详。根据贵州的观察，该虫以成虫越冬，翌年 3 月中旬，虫瘿内层的虫体渐移至外层，3 月底 4 月初橘树嫩芽长至 1~2 厘米时，成虫向外扩散至芽上为害。由于春梢期芽萌发不整齐，至 4 月下旬仍有萌发者，所以迁移期也随之拖长。叶芽被害后形成新的虫瘿，瘿内虫量不断繁殖增加，叶组织不断增生，虫瘤越来越大。早抽发的夏梢嫩叶受到轻度为害，晚夏梢和秋梢基本不受害。

1 个虫瘿内常有数穴，瘿螨多群居在穴内。新、老虫瘿内的螨数有差异，在繁殖高峰期，1 个新虫瘿内最多可达 680 多头，1 个老虫瘿内最多约为 290 头。

由于虫瘿内的分生组织未遭破坏，虫瘿能不断增大到 3~4 毫米长，大的可达 10 毫米左右，可在树上保持 3~5 年。新虫瘿在 3 月下旬花蕾期出现，以后逐渐增加，至 4 月下旬达到高峰而不再增加。新虫瘿内的虫口密度在 4~7 月随气温的升高而逐渐增大，7 月以后随气温的下降而渐减。1 年生春梢上虫瘿内的螨群，自新芽出现时开始繁殖，5 月中旬至 7 月中旬繁殖最盛，瘿内螨数最多，以后渐减。

【防治方法】

1. 剪除虫瘿　对受害轻的树，结合田间管理，随时摘除虫瘿，集中处理。受害严重的树，化学防治失去意义，剪瘿劳动强度大、费工多，剪不彻底，应在冬季休眠期连片将被害树重剪枝，留下10多个骨干方向枝，剪除其余枝梢。春梢萌发时，按方位、分层次抹留早发壮梢，2年可恢复大树冠和正常结果。冬季要施足基肥，偏施氮素，促进营养生长。春季萌芽时要用药剂保护，防止嫩芽被害形成虫瘿。

2. 药剂防治　　参考柑橘全爪螨。

3. 实行检疫　　禁止从疫区引进苗木和接穗，特别是高压苗和树龄较大的苗木传播的可能性更大。有虫瘿的材料应将虫瘿剪除，就地处理。如系繁殖材料，可用 46~47 ℃的热水恒温浸泡 8~10 分钟，能防治虫瘿内各种虫态的螨体。